KB008101

**인생에도
레시피가 있다면**

스물다섯 편의 영화에서 만난 음식 이야기

인생에도
레시피가 있다면

파란달 정영선 지음

BOOKERS

특별하다고 믿으면
될지도 모를 일입니다
요리든, 인생이든!

생각해보니 영화 속 요리 이야기를 담은 《파란달의 시네마 레시피》가 나온 지 10년이 지났습니다. 처음엔 '벌써 그렇게 됐어?'라며 놀랐는데, 이번에 책을 쓰면서 한동안 잊고 있던 그 시간에 대해 자주 생각하게 됐습니다. 결론은 10년은 확실히 긴 시간이라는 것이었어요. 제게도 많은 변화가 있었습니다. SBS 라디오 〈씨네타운〉의 DJ가 네 번 바뀌는 7년여의 시간 동안 영화 속 요리를 소개하는 코너 '씨네맛 천국'을 하게 될 줄도 몰랐고, 그 사이 제가 대학원에 진학해 박사과정에 들어가 음식문화콘텐츠를 공부할 것이라고, 10년 전 저로선 상상조차 못했으니까요. 좋아하는 주제를 오래 가까이 할 수 있어서 행운이라고 생각하고 있습니다. 그동안 여러분의 인생은 어떠셨나요?

이번에는 책에 어떤 영화들을 담을까, 고민이 많았습니다. 이미 음식영화의 대표 격인 영화들은 《파란달의 시네마 레시피》에 대부분 넣은 터라 중복시키지 않으려고 했습니다. 최근 10년 사이에 나온 영화들 중에 음식이 인상 깊은 영화를 소개하려고 했고, 무엇보다 제가 꼭 여러분께 소개하고 싶은 영화는 음식의 비중이 좀 적어도 넣고 싶어서 욕심을 냈습니다. 책을 읽으면서 '아, 여기 이런 요리가 나왔어?'라고 발견하면서 즐거워하고 맛있게 읽어주시길 바라는 마음입니다. 그리고 '이거 먹어보고 싶은데!'라는 마음까지 든다면 제 글은 성공한 것이겠죠.

이 책의 서문에는 고마운 사람들의 이름을 담고 싶어집니다. 함께 라디오 프로그램을 한 변정원 피디, 이정은 피디, 이윤경 피디, 정한성 피디, 김주리 작가, 장영신 작가, 박근희 작가, 임선빈 작가, 든든한 김예솔 작가까지, 그리고 매력적인 꿀보이스 박선영 디제이, 밝은 에너지 가득한 장예원 디제이, 통통 튀는 매력의 주시은 디제이, 따뜻하고 다정한 마음의 그녀, 박하선 디제이까지! 라디오 프로그램을 통해, 마치 페이스트리와 같이 겹겹이 쌓인 인연에 감사합니다. 먼 나라에 있다가 드디어 서울로 돌아온 나의 지원군 명선, 무슨 일이 있으면 언제나 달려와 주는 송이, 멀리 제주에서 나의 기쁨과 슬픔을 함께 해 준 숙희, 흔들 릴 때마다 좋은 조언을 해 준 재은, 모두 고마워요. 아빠의 적극 적인 추진력과 엄마의 긍정 마인드를 물려받은 덕분에 잘 지내 고 있습니다. 동생아, 넌 존재만으로도 내게 의미가 있단다. 그 리고 미처 다 적지 못한 지인들에게도 깊은 감사를 드립니다.

제가 좋아하는 영화 중에 〈쿵푸팬더〉가 있습니다. 어느 날 아 빠가 포에게 이제 가업인 국수집을 물려받을 때가 됐다며 대대 로 내려오는 국수의 비법을 알려주겠다고 합니다. 맛있는 국수의 비법이 늘 궁금했던 포는 도대체 어떤 재료가 들어간 걸까 답변 을 기대하죠. 그런데 아빠는 사실 국수의 비법은 없다고 말합니 다. 비밀재료도 없고, 특별소스도 없다는 답만 돌아옵니다. 그러 면서 이렇게 말합니다. "To make something special, you just have to believe it's special(특별한 것을 만들기 위해서는 그것이 특별하다고 믿기만 하면 되는 거야)" 비법 같은 건 처음부터 없었던 것이었죠. 특별하다고 믿는 그 마음이 무언가를 의미 있게 만들어주었던 것입니다.

　저는 종종 이 대사를 떠올립니다. 여러분의 인생이 특별하다고 믿는 그 마음으로 더 많은 날들이 즐겁고 편안하길, 따뜻하게 쏟아지는 햇살을 등에 얹고 걷는 산책길에서도 작은 행복을 느낄 수 있길, 멀리서 응원과 행운을 보냅니다.

초록이 피어나는 경의선 숲길에서
2024년 봄, 파란달 정영선

차 례

바닷마을 다이어리

시라스동(잔멸치 덮밥)

아버지의 장례식에 모인 네 자매. 그중 막내인 스즈만 어머니가 다른 이복
자매이다. 세 자매는 아버지가 돌아가시는 바람에 새엄마와 살아야 할 막내
와 함께 하기로 한다. 그들에게는 각기 다른 음식에 대한 기억이 있다. 할머
니, 엄마, 세 자매로 이어져 오는 전통으로 만든 매실주, 엄마 혹은 할머니가
만들어주던 카레, 그리고 시라스동(잔멸치 덮밥). 네 자매는 음식을 통해 가족
에 대한 어떤 기억을 품고 살아왔을까.

너와 나,
우리를 연결하는
한 그릇

도쿄 신주쿠에서 출발해 에노덴을 타고 한 시간가량 달리면 나타나는 가마쿠라는 생각했던 것보다 추웠다. 일본에서 유학을 한 친구는 일본의 겨울은 우리나라의 겨울과 달리 뼛속까지 시린 기분이라고 했는데, 혼자 지내야 했던 일본 생활이 힘들어서 더 그렇게 느꼈을지도 모르겠다고 생각하면서 찬 바람을 느꼈다. 내가 가마쿠라에 간 이유는 단 하나였다. 바로 영화 〈바닷마을 다이어리〉를 보면서 '시라스동(잔멸치 덮밥)은 도대체 무슨 맛일까?' 궁금해졌기 때문이다.

나의 동행은 심리상담가로, 그녀는 영화를 보지 않았던 상태라 '도대체 그 영화가 뭐기에 여기까지 온다는 것인지' 이해할 수 없는 얼굴로 나를 바라보았다. 난 구글 지도의 도움을 받아 영화 속 '우미네코 식당'이자, 실제 장소인 '분사쇼쿠도文佐食堂, 문좌식당'를 찾기 시작했다.

작은 공원을 지나자 기다렸다는 듯 이내 식당이 모습을 나타냈다. 찬바람을 잔뜩 맞고 들어간 식당은 오래된 가게 특유의 냄새가 났다. 주문한 시라스동이 담겨져 나온 모습은 예상했던 것과 비슷했지만, 한 숟가락 크게 떠서 입에 넣고 씹기 시작하자 기대했던 것과는 다른 맛이 느껴졌다. 내게 익숙한 잔멸치 조리법은 주로 멸치볶음이거나 뱅어포구이 정도인 탓에 약간 짭조름하면서 고소하게 씹히는 잔멸치 덮밥을 예상했는데, 이건 아주 보드라운 식감에 슴슴한 맛이었다. 잔멸치를 쪄낸 뒤 밥에 올려 비벼 먹는 요리이니 그럴만했다. 난 속으로 '영화 속 막내딸 스즈가 아빠의 맛으로 기억할만하네'라고 생각하며 수북하게 나온 한 그릇을 싹싹 비웠다.

영화 〈바닷마을 다이어리〉는 집을 나간 아버지의 부고로 시작된다. 아버지는 세 딸이 어렸을 때 다른 여자와 바람이 나서 아내와 어린 딸들을 두고 집을 나갔다. 당연히 딸들이 아버지에 대해 갖는 감정이 좋을 리 없다. 어머니에 대한 기억도 좋지 않다. 아버지가 집을 나간 뒤 어머니는 세 자매를 두고 떠났기 때문이다. 이런 일이 있었을 당시 어렸던 둘째와 셋째는 기억이 흐릿해서 상처가 크지 않지만, 첫 딸인 사치아야세 하루카 분는 기억이 생생해서 상처가 크고 아버지의 장례식에도 참석하지 않겠다고 말한다. 하지만 또 그게 어디 쉬운 일인가. 결국 성인이 된 세 딸은 아버지의 장례식에 참석하게 되고, 이곳에서 아버지가 다른 여자와 낳은 딸, 스즈히로세 스즈 분를 만나게 된다. 아버지는 집을 나간 뒤 두 번째 부인과 결혼해서 스즈를 낳았는데 부인이 병으로 일찍 죽자 지금의 부인과 세 번째 결혼을 했다. 이제 스즈는 홀로 남겨져 새엄마와 살아야 하는 상황이다. 어머니는 다르지만 자신들의 막냇동생이기도 한 스즈를 안쓰럽게 바라보던 사치는 뜻밖의 제안을 한다. "우리랑 같이 살래?" 스즈의 얼굴에는 당황한 빛이 스치지만 금세 고개를 크게 끄덕인다. "응!" 이렇게 네 자매의 이야기는 시작된다.

추억은 같았고, 맛의 기억은 달랐다

사랑스러운 네 명의 자매는 저마다 캐릭터가 다르다. 부모님이 떠난 뒤 동생들을 돌보며 실질적인 가장 역할을 해 온 첫째 사치, 통통 튀는 캐릭터로 남자와 술을 좋아하는 둘째 요시노나가사와 마사미 분, 스포츠용품점에서 일하고 있는 엉뚱한 매력의 셋째 치카카호 분, 마지막으로 속 깊고 사랑스러운 넷째, 스즈다. 네 자매의 일상이 그려지는 영화라 〈바닷마을 다이어리〉에는 음식이 자주 등장한다. 그중 내 눈에 가장 먼저 들어온 건 매실주다. 마당에 크게 자리 잡고 있는 오래된 매실나무는 어머니가 태어났을 때 외할아버지가 심은 것으로, 매실이 열릴 때마다 가족들이 함께 모여 매실주를 만드는 전통을 이어가고 있다. 한때는 할머니가, 한때는 엄마가, 이제는 자매들이 매실주를 담근다. 처음 이 집에 와서 호기심 어린 눈으로 매실주를 바라보던 스즈는 언니들과 가까워지면서 함께 매실주를 담그게 되고, 잘 익은 매실에 자신의 이름을 새기고 담그는 것으로 이 가족의 일원이 됐음을 보여준다.

　이 영화에서 매실주는 자매간의 감정을 전달하는 역할을 한다. 갑자기 찾아온 엄마에게 모질게 대하던 사치가 엄마가 떠나는 순간에 건네는 매실주는 사치의 마음속 깊이 있었을 엄마에 대한 그리움을 느끼게 한다. 왜 아니었을까, 어린 나이에 혼자 동생들을 책임져야 하는 상황에서 엄마가 너무 밉고 싫었겠지만 한편으론 보고 싶고 그리웠을 것이다. 자매들은 매실주를 마시고 취해 서로의 속마음을 털어놓고 매실나무 그늘 아래서 추억을 쌓아간다. 이 영화에서 가족의 추억이 담긴 매실주는 과거와 현재를 이어주는 끈이다.

　매실주가 이들의 행복했던 과거와 추억을 회상하게 만드는 수단이라면, '카레'는 자매들이 같은 공간에 살면서도 얼마나 서로 다른 기억을 갖고 있는지를 보여주는 음식이다. 첫째 딸 사치가 자주 만드는 '해산물 카레'는 그녀가 엄마한테 배운 처음이자 마지막 요리다. 요리를 싫어하는 엄마는 고기처럼 오래 끓일 필요가 없는 해산물 카레를 자주 만들어주곤 했다. 사치는 자신들을 두고 떠난 엄

마에 대한 원망이 깊지만, 결국 엄마에게 배운 해산물 카레를 끓이며 엄마를 추억한다. 반면 셋째인 치카가 만드는 건 할머니가 자주 끓여주던 '어묵 카레'다. 치카는 엄마가 끓여준 카레는 잘 기억나지 않는다. 너무 어려서 엄마가 떠난 탓에 상처나 그리움은 덜하지만 그만큼 추억이나 기억도 없다.

그럼 시라스동은 너에겐 아버지의 맛이겠구나!

난 여행을 함께 간 심리상담가 지인에게 이 영화에 대한 이야기를 들려주며 카레에 대한 이야기를 했다. 그러자 그녀는 자신이 상담했던 여러 사례를 들려주며, 한집에 산다고 같은 추억을 지니는 것이 아니며, 같은 경험을 했다고 해도 우리가 기억하는 건 전혀 다를 수 있다는 이야기를 했다. 가족이란 얼마나 어려운 존재인가. 가장 가깝지만 또 가장 버거운 존재이기도 하다. 오죽하면 프랑스의 유명한 철학자 루이 알튀세르는 가족에 대해 '누가 보지 않을 때 버리고 싶은 존재'라고 했을까. 하지만 우린 안다. 사람에 따라, 사정에 따라 어느 정도 거리를 두고 사는 것은 가능하겠지만 완전히 떼어버릴 수 없는 게 가족이다.

고레에다 히로카즈 감독은 언제나 가족의 의미에 대해 이야기하는 감독이다. 그는 정상가족과 비혈연 가족에 대해 고민하고 진정한 가족의 의미란 무엇인지 생각하게 만든다.

스즈는 어묵 카레를 먹다가 언니들한테 거짓말을 한 게 있다고 고백한다. 가마쿠라에 처음 도착했을 때 언니들이 '이 음식 처음 먹어보지?' 라고 물어봤던 시라스동이 사실은 자주 먹던 음식이라는 것이다. 시라스동은 스즈가 아버지랑 둘이 살 때 아버지가 자주 만들어주던 음식이다. 아마 아버지 역시 고향을 떠나 살면서 고향에서만 먹을 수 있는 이 음식이 무척 그리웠을 것이다. 상처는 받은 사람뿐만 아니라 준 사람에게도 있는 법이다. 속 깊은 스즈는 '자신의 어머니가 언니들의 아버지를 빼앗은 게 아닐까?' 하는 죄책감에 자신이 갖고 있는 아버지에 대한 그리움을 숨기고 있었다. 이야기를 듣던 치카는 "그럼 시라스동은 너에겐 아버지의 맛이겠구나!"라고 말하며 아버지에 대한 좋은 기억이든 나쁜 기억이든 언젠가 들려 달라고 한다. 그 말을 들은 스즈는 마치 안도의 한숨을 쉬는 것처럼 환하게 웃는다.

내가 이 영화를 좋아하는 이유는 관계를 성숙하게 그리고 있기 때문이다. 아픔에 대해 성숙하게 대처한다는 건 정말 어려운 일이다. 부모의 부재나 이별의 아픔은 아마 경험해보지 않은 사람은 쉽게 말할 수 없는 부분일 것이다. 서로를 보듬고 위로하며 성장하는 네 자매의 이야기는 그래서 특별하다.

영화 〈바닷마을 다이어리〉를 재밌게 보신 분들께는 원작이 된 요시다 아키미의 만화도 추천한다. 정말 좋다. 영화에서 다 설명하지 못한 디테일들이 가득하고, 만화임에도 영상미가 느껴진다. 무엇보다 이 만화가 완결되지 않은 상태에서 영화가 나온 터라, 네 자매가 이후에 어떻게 살아가게 되는지에 대한 뒷이야기를 만화를 통해 알 수 있다.

아, 그리고 가마쿠라 여행 끝에 아픈 경험 하나. 가마쿠라에서의 여행은 무사히 끝냈지만, 도쿄로 이동해서 출국하는 날, 하필이면 폭설이 내려서 대중교통이 중단됐다. 결국 우리의 선택지는 도쿄에 하루 더 묵을 것인가, 아니면 택시를 타고 나리타 공항까지 갈 것인가였는데 어느 쪽을 선택해도 이미 일정이 꼬인 터였다. 다음 날 서울에서 일정을 고려해 택시를 타고 나리타 공항까지 가는 것을 선택했는데, 택시기사도 우리의 선택에 놀랐는지 하네다 공항이 아니라 나리타 공항을 가는 게 맞느냐고 두 번이나 확인했다. 그날의 어마어마했던 택시비에 대해선 더 얘기하지 않겠다. 여행의 기억은 이렇게 오래 지속된다.

가마쿠라 여행과 시라스동

음식만큼 기억을 소환하는 것이 또 있을까. 특정 음식은 향수를 불러내고 어린 시절의 감정을 환기시킨다. 난 가마쿠라 여행에서 돌아온 뒤, 당시 신문에 연재하고 있던 〈푸드 트래블〉에 영화 〈바닷마을 다이어리〉와 가마쿠라의 시라스동 이야기를 쓰기도 했다. 워낙 좋았던 기억 탓에 주변 사람들에게도 도쿄에서 다녀오기 좋은 하루코스로 이곳을 추천하곤 한다. 도쿄의 최대 번화가인 신주쿠에서 불과 50㎞밖에 떨어져 있지 않은 곳에 이런 고즈넉한 장소가 있다는 게 믿기지 않을 만큼 조용한 곳이다. 당시 난 오가와 이토의 소설 《츠바키 문구점》을 읽고 있었는데, 배경이 가마쿠라인 데다 책의 말미에 소설 속 주인공이 다닌 장소들이 실제 지도에 표시되어 있어서 구글 맵과 소설 속 지도를 들고 여행을 했다.

영화 〈바닷마을 다이어리〉에서는 바다에서 갓 잡은 싱싱한 시라스를 깨끗한 물로 씻어 소금기를 없앤 뒤 쪄서 햇볕에 말리는 과정까지 보여준다. 일본에서는 멸치를 비롯해 정어리, 까나리, 청어 등 몸에 색소가 없는 흰 치어를 '시라스'라는 이름으로 부른다는데, 영화에 등장하는 건 우리나라의 가장 작은 멸치인 실치와 비슷하게 생겼다. 제철에는 찌지 않고 생으로 올린 생 시라스동도 먹을 수 있다.

난 잔멸치 덮밥만 먹고 왔지만, 영화에는 잔멸치 토스트도 등장한다. 영화 속에서 '야마네코테이'라는 이름으로 등장하는 곳으로 실제 상호명은 '비치 머핀 레스토랑'이라는 곳이다. 가마쿠라에 가실 분들은 이곳에도 꼭 들러서 내가 못 먹고 온 잔멸치 토스트도 먹고 오시길, 그 맛이 어땠는지 듣게 된다면 좋겠다.

알로, 슈티

마루아유 치즈

따뜻한 지역인 남프랑스에 발령받고자 했지만, 뜻하지 않게 일명 '슈티'라고
불리는 시골 베르그로 가게 된 우체부 필립. '슈티'는 프랑스 북부 지역으로
시베리아급으로 추우며, '슈티 프랑스어'라고 할 정도로 방언이 심하다. 그는
이곳 생활을 낯설어하고 경계하지만, 점차 치즈가 녹듯 마음도 허물어진다.

콤콤한 향의 치즈를 베어 물자
고소한 풍미가 퍼졌다

난 언제나 남프랑스에 대한 로망이 있었지만 한 번도 가보지 못했다. 물론 마르세이유에 도착한 나의 지인이 '여기 생각보다 별로인데요?'라며 보낸 황량한 벌판에 핀 라벤더 사진이 날 위로하긴 했지만, 그 한 장의 사진을 제외하고 그녀가 담아온 마르세이유의 모든 풍경은 아름다웠다. 언젠가 자동차로 남프랑스를 여행하겠다는 나의 꿈은 아직 꿈일 뿐이긴 하지만, 이런 꿈과 환상이 프랑스인들에게도 있다는 걸 영화 〈알로, 슈티〉를 보고 나서야 알았다.

우리에겐 생소하지만 영화 〈알로, 슈티〉는 프랑스 국민의 3분의 1이 봤다는 히트작이다. 개봉 당시 그동안 박스오피스 1위를 지켜

온 〈타이타닉〉의 기록을 넘어섰으며, 프랑스 영화 박스 오피스 1위였던 1966년 작품 〈파리 대탈출〉의 기록을 40여 년 만에 경신했다고 하니 그 인기를 알만하다.

이 영화의 주인공 필립 카드 므라드 분은 11년째 우체국에 근무 중인 직원이다. 그는 우울증이 있는 아내를 위해 따뜻한 곳에서 지내고 싶어서 남프랑스의 카시스로 전근을 신청한다. 그러나 이내 인사발령이 취소됐다는 연락을 받고 따뜻한 남쪽 햇살을 기대했던 그의 아내는 실망감을 감추지 못한다. 가족들을 실망 시킬 수 없다고 생각한 필립은 기필코 남프랑스에 발령받겠다는 일념으로 장애인인 척 엉뚱한 계획을 세우지만, 그의 거짓된 행동은 금세 들통이 난다. 그리고 그에 대한 처벌로 프랑스 최북단 노르 파드 칼레, 일명 '슈티'라고 불리는 시골 베르그로 발령을 받게 된다. 살을 에는 듯한 추위와 얼음 안개가 가득하고 알코올에 중독된 사람들만 있으며 알아듣지 못할 방언 때문에 프랑스 남부 사람들은 꺼린다는 그곳. 그러나 프랑스 북부인 베르그에 도착한 필립은 듣던 것과는 전혀 다른 경험을 하게 된다.

우리 마을에 오는 사람은 두 번 울지
처음 왔을 때와 떠날 때

프랑스 북부의 날씨가 그렇게 안 좋았던가? 난 지난 여행의 기억을 더듬어 봤다. 난 프랑스 북서부인 노르망디와 브르타뉴 지방을 여행한 적이 있는데 날씨가 꽤 흐리고 비도 많이 오기는 했지만 그런대로 운치 있다고 느꼈다. 물론 이건 잠깐 머물다 떠나는 관광객의 시선이기 때문이겠지만 에릭 사티의 고향으로도 유명한 옹플뢰르에서는 안개가 자욱한 도시의 분위기에 그가 작곡한 피아노곡인 짐노페디가 딱 어울린다며 그 우울한 날씨를 꽤 즐기기까지 했다.

그런데 영화를 보니 여행지에서라면 그 누구보다 부지런히 먹고 다니는 내가 놓친 게 있었다. 바로 마루아유 치즈와 치커리 커피다. 이 메뉴는 필립이 베르그에 처음 도착해 우체국 직원인 앙투완대니분의 집에서 하루 신세를 지면서 먹게 되는 아침 식사 메뉴다. 여기서 치커리 커피chicory coffee를 듣고 '혹시 내가 아는 채소인 치커리를 말하는 건가?'라고 궁금해 하는 분들이 있다면, 맞다. 그 치커리다.

디카페인 커피의 대용품으로 마시기도 하는 치커리 커피의 시작은 1700년대 유럽으로 올라간다. 당시 영국과 프랑스에는 커피가 유행하기 시작했는데 나폴레옹의 대륙 봉쇄령으로 아프리카에 가는 커피 수입 항로가 막히자 사람들은 커피 대신 커피 맛이 나는 치커리 뿌리를 이용해 음료를 마시기 시작했다. 치커리 뿌리는 그냥 먹으면 쓰지만 구우면 견과류의 맛이 난다는데 사람들이 이걸 어찌 발견해서 커피 대신 쓸 생각을 했는지 참 신기하다. 유럽에서 사용되던 치커리 커피는 남북 전쟁 시기에 커피 수급이 어려워지자 미국에서도 유행하게 된다. 전쟁이 끝난 뒤에 치커리 사용은 감소됐지만 여전히 프랑스 문화의 영향을 받은 미국 뉴올리언스 지역에서는 치커리 커피를 카페오레 스타일로 마시는 전통이 이어지고 있다. 혹시 영화 〈아메리칸 셰프〉를 보신 분이라면 아들과 함께 프랑스 도넛인 베네를 먹으러 뉴올리언스의 시장에 가는 장면을 기억하실지? 이들이 가는 카페는 실제로 뉴올리언스에서 유명한 '카페 뒤 몽드Cafe du monde'로 1862년 치커리 커피를 판매하며 문을 열었던 곳이다. 여전히 이곳에서는 치커리가 들어간 커피가 나온다. 우리나라에도 들어온 샌프란시스코의 커피 브랜드 '블루 보틀'의 시그니처 커피 이름이 '뉴올리언스'인 것도 이 커피에 치커리가 들어가기 때문이다.

치즈를 나눠 먹자
몰랐던 그들의 모습이 보였다

난 치커리 커피는 마셔본 적이 있지만 마루아유Maroilles 치즈는 먹어본 적이 없어서 궁금해졌다. 필립이 한 입 맛 본 뒤 오만상을 쓰는 걸 보면서 치즈의 맛이 대체 얼마나 고약하기에 저러나 싶었다. 프랑스는 치즈의 나라, 샤를르 드 골이 대통령에 취임하면서 '265가지나 되는 치즈를 먹는 사람들을 어떻게 다스리냐?'고 비유

했던(물론 개성강한 국민들을 표현한 말이지만) 다양한 치즈가 존재하는 나라 아닌가. 그런데 같은 프랑스 사람인 필립조차 마루아유 치즈에 놀라는 모습에 호기심이 더해졌다. 마루아유 치즈에 대해 찾아보니 오랜 역사를 자랑하는 치즈로 영화의 배경이 된 프랑스 북부 마루아유의 수도원에서 962년에 처음 만들어졌다고 한다. 수도원은 음식의 역사를 얘기할 때 빼놓을 수 없는 곳이다. 당시의 수도승들은 읽고 쓸 줄 아는 지식인이었던 데다가 통제된 환경 안에서 자급자족해야 했기에 이들이 발견하거나 발명한 와인이나 맥주, 치즈 등의 음식은 무궁무진하다.

이쯤 되니 마루아유 치즈가 꼭 맛보고 싶었다. 국내에서 마루아유 치즈를 구할 방법이 없을까 검색해보니 역시, 대~한민국! 우리나라에서 이 치즈를 수입해 파는 곳이 있어서 당장 주문했다. 향이 홍어 급이라는 후기에 살짝 긴장했는데, 필립의 난감해하던 표정을 떠올리면 뭐 이정도 쯤이야. 도착한 마루아유 치즈는 진한 오렌지색에 감칠맛이 강했는데, 짭짤한 맛 때문에 캉파뉴 같은 구수한 빵과 곁들여 먹기 좋았다. 설명을 보니 진gin이나 위스키에 곁들여도 좋다는데 아직 어울리는 위스키는 못 찾았다. 프랑스 북부 지방의 치즈이니 가까운 노르망디의 특산물인 사과주 시드르cider와도 어울리지 않을까 싶다. 마루아유 치즈를 맛보며 관련 기사를 찾다보니 이 치즈에 대해 호기심을 가진 게 나뿐만은 아니었는지 영화 〈알로 슈티〉가 개봉됐을 때 프랑스에서도 마루아유 치즈의 판매량이 25%가량 증가했다고 한다.

이밖에도 영화에는 다양한 프랑스 북부 음식과 남부 음식이 교차하며 등장한다. 북부의 음식으로는 다진 고기와 채소를 넣어 길쭉하게 빚어서 만든 프리카델Fricadelle, 맥주를 넣고 끓여 만드는 쇠고기 스튜인 카르보나드Carbonnade, 식전주로도 즐겨 마시는 피콘 맥주Picon Biere, 남부의 음식으로는 해산물 스튜인 부야베스Bouillabaisse, 당근, 감자, 양파 등을 넣은 채소 수프인 피스투 수프Pistou Soup, 올리브와 앤초비 등을 섞어 만든 페이스트인 타프나드Tapenade 등이다. 프랑스 북부의 음식도 매력 있지만 역시 온화한 날씨 때문에 식재료가 풍부하고 바다가 가까워서 해산물 요리가 발달한 남부의 음식이 더 끌리긴 한다.

이 영화는 시종일관 유쾌하게 진행된다. 낯선 땅에 가기 싫어서 고속도로를 너무 천천히 달리다가 교통경찰에게 교통 방해로 걸린 필립은 영화의 끝에 이르러선 그곳에 빨리 가기 위해 과속으로 달리다가 속도위반에 걸린다. 처음에 필립은 북부의 사투리에 적응 못해 의사소통에 힘들어하고 음식도 입에 안 맞아서 고생하지만, 그는 어느새 북부 사람들의 말투까지 따라 하며 따뜻하고 순박한 그들에게 동화되어 간다.

앙트완은 말한다. "우리 마을에 온 사람은 두 번 울지. 처음 왔을 때와 떠날 때". 이 대사처럼 〈알로 슈티〉는 영화를 보는 동안 프랑스 북부의 매력에 흠뻑 빠질 수 있는 영화다. 특히 서로 다른 프랑스 남부와 북부의 언어, 음식, 생활 습관 등을 비교해 보는 재미가 쏠쏠하니 눈여겨보자.

프랑스 북부 요리

내가 프랑스 북부인 노르망디와 브르타뉴 지방을 가고 싶었던 이유는 이곳이 바로 메밀과 사과의 고장이기 때문이다. 기후와 토양이 척박한 북부는 밀보다는 메밀이 쉽게 자라서 크레이프의 원형이 된 갈레트Galette, 메밀 크레이프가 만들어진 곳이기도 하고, 사과 재배에 안성맞춤인 지역이라 사과술인 시드르cidre도 유명하다. 갈레트와 시드르는 찰떡궁합이라 우리나라로 치면 파전에 막걸리, 치킨에 맥주에 비유될 만큼 사랑받는 조합이다. 프랑스에서는 크레이프 전문점을 크레페리crêperie라고 부르는데, 이곳에 가면 갈레트와 시드르는 항상 함께 준비되어 있다.

노르망디 칼바도스 지역은 칼바도스Calvados라는 사과 증류주로도 유명하다. 포도 생산이 안 되는 이 지역에서는 사과로 만든 시드르를 증류시켜 사과 브랜디를 만든다. 내가 르 꼬르동 블루를 다닐 때 셰프가 좋아하는 술이 칼바도스라고 한 이후로 더 관심이 가는 술이기도 하다. 칼바도스는 사과술인 만큼 특히 사과요리를 할 때 넣으면 좋다. 사과를 센 불에 달콤하게 졸이는 캐러멜라이즈 할 때 마지막에 넣으면 풍미가 확 좋아져서 애플파이나 사과잼을 만들 때도 자주 넣는 재료다.

프랑스 북부를 여행하실 분들은 갈레트와 시드르, 칼바도스를 잊지 마시길. 그리고 베르그까지 가신다면 영화처럼 라떼볼에 치커리 커피를 담아서 마르아유 치즈를 얹은 황갈색 토스트와 함께 곁들여 먹고 오시길!

cinema

헝거

팟씨유

태국 영화 〈헝거〉의 주인공은 뛰어난 요리 실력을 지녔지만 가업을 이어받아 아빠가 운영하는 길거리 작은 식당에서 일하고 있다. 그러던 어느 날, 태국 최고의 파인다이닝 '헝거'의 스카우트 제의를 받고 아빠의 가게를 뒤로한 채 파인다이닝의 신이라고 불리는 폴 셰프가 있는 헝거로 향한다.

우리가 진짜 사랑하는 음식은
절대 화려하거나 겉치레가 없다

한동안 오마카세 인기가 높았다. 오마카세おまかせ는 '맡긴다'는 뜻의 일본어로, 별도의 메뉴판 없이 그날그날 셰프가 엄선한 식재료로 만들어낸 음식을 뜻한다. 처음에는 일본식 코스요리에서 자주 사용됐지만 지금은 한우 오마카세, 커피 오마카세, 순대 오마카세까지 다양해졌다. 미식을 즐기는 사람들이 많다보니 요리 취향도 세분화되고 있다.

언제부턴가 파인다이닝도 인기다. 파인다이닝은 '질 높은', '좋은'이라는 뜻의 'fine'과 '식사'를 뜻하는 'dining'의 합성어로, 흔히 고급 레스토랑을 일컫는다. 《미쉐린 가이드 서울》이 나오면서 파인다이닝의 인기는 더 높아져서 인기가 많은 곳은 예약하기도 어렵고, 어떤 곳은 한 끼 식사가 한 달 식비와 맞먹는 가격인 곳도 있다. 물론 그 가격을 지불하는 게 아깝지 않을 만큼 창의적이고 독창적이며 새로운 미식의 경험을 확장시켜주는 근사한 곳도 많지만 간혹 "이 가격을 지불하는 게 맞을까?" 싶은 곳을 만나기도 한다. 이쯤 되면 영화 〈헝거〉의 대사가 떠오른다.

요즘은 특별해서 비싼 건지
비싸서 특별한 건지 모르겠어

최고의 셰프라고 불리는 폴의 요리는 독특하다. 그의 음식을 먹고 있는 사람들을 보면 맛있어서 먹는다기보다 허기가 져서 욕망한다는 느낌이 든다. 피를 연상시키는 붉은 소스를 입가에 흥건히 묻히면서 고기를 먹는 사람들을 보고 있으면 기괴하다는 느낌이 들 정도다. 폴 셰프를 원하는 손님들은 대부분 태국의 부유한 미식가이고, 그들은 최고급 요리를 즐길 능력이 된다는 걸 뽐내고 싶어하는 사람들이 대부분이다.

반면 오이추티몬 추엥차로엔수키잉 분가 일하는 길거리 식당은 작고 소박하다. 이곳에 오는 손님들은 하루를 땀내 나게 열심히 살아가는 사람들로 생계형 식사가 대부분이다. 판매하는 메뉴 역시 팟씨유 태국식 볶음국수와 랏나태국식 울면 같은 대중적이고 서민적인 음식이다. 오이의 친구는 고급 요리는 돈이 남아도는 부자들이나 먹는 것이라며 우리는 맛있고 싸고 배부르면 최고라고 말한다.

처음 헝거에 도착한 오이는 엄격하고 독단적인 폴 셰프의 스타일과 완벽한 위계질서에 적응하지 못하고 어려움을 겪는다. 요리엔 그 누구보다 자신 있다고 생각한 그녀지만 자신의 실력을 극단으로 밀어붙이는 폴 셰프 앞에서 좌절한다. 하지만 오기가 생긴 그녀는 누구보다 악착같이 버텨내서 폴 셰프에게 인정을 받게 되고 결국엔 폴을 이기고 싶다는 욕망도 갖게 된다.

영화는 음식을 통해 사회적 위치를 그대로 드러낸다. 상류층들은 폴 셰프의 값비싼 음식을 원하고, 폴 셰프는 이를 위해서라면 희귀종의 불법밀렵도 서슴지 않는다. 독단적이고 인정 없는 그는 직원들이 고되고 힘든 주방일을 하면서 상류층의 출장 연회를 다니느라 상대적 박탈감을 느끼고 있어도 그들의 마음을 헤아리지 않는다. 결국 폴은 한 직원을 인격적으로 모독하다가 칼에 찔리는 사고를 당하게 된다.

병원에 입원한 폴 셰프를 위해 오이는 '징징이 국수'를 만들어 간다. 이 국수는 오이의 집안에 내려오는 레시피로, 오이의 아빠가 어릴 때 울고 투정부리면 할머니가 냉장고에 있는 재료를 털어서 만들어준 요리다. 그 맛이 일품이라 아빠는 할머니가 만들어준 음식을 먹으면 방긋 웃었고, 이 음식은 오이네 집의 전통이 됐다. 하지만 폴 셰프에게 징징이 국수는 그저 볶음면일 뿐이다. 폴 셰프는 세상에 사랑이 담긴 요리란 없다며, 셰프가 되려면 사랑보다 강력한 동인이 필요하다고 한다. 그럼 폴 셰프의 동인은 뭐였을까? 바로 캐비어 한 병이었다.

폴 셰프는 어릴 때 무척 가난했고 엄마는 부잣집의 가사 관리사로 일해야 했다. 부자들이 어떻게 사는지 궁금했던 어린 시절, 그는 병 속에 반짝이는 작은 구슬처럼 보이던 캐비어가 궁금한 마음에 몰래 훔쳐 먹으려고 꺼내게 된다. 그러나 누군가 도둑이라고 외치는 소리에 놀라 그만 바닥에 떨어뜨렸고, 엄마는 그 작은 캐비어 한 병을 배상하느라 몇 달을 일해야 했다. 깨진 유리병은 어린 폴이 치워야 했는데, 치우느라 먹어본 캐비어는 맛이 없었다.

그때 깨달았다. 음식은 사회적 지위를 뜻한다는 것을. 이후 폴 셰프는 사람들이 음식보다 더 많은 걸 살 능력이 있으면 허기가 사라지지 않는다고 생각하게 됐다. 인정받고 싶은 허기, 특별한 걸 갖고 싶은 허기, 특별한 걸 경험하고픈 허기. 당시 어린 폴은 부자들이 무릎을 꿇고 요리해달라고 매달리는, 사람이 허기를 느끼게 만드는 셰프가 되고 싶었던 것이다.

그런 폴의 음식에 따스함이 있을 리 없다. 결국 오이는 폴 셰프의 행동에 실망과 회의를 느끼고 마침 그녀의 재능을 눈여겨보던 투자자의 후원을 받아 자신만의 레스토랑 'FLAME'을 열게 된다. 이 영화에서 '불꽃flame'은 오이를 상징한다. 웍을 다루는 그녀 곁에는 불이 떠나지 않고 그 뜨거움은 그녀의 열정을 닮았다.

스타 셰프로 성장한 오이가 폴과의 요리 대결을 펼치게 된 자리에서 그녀가 마지막에 선택한 요리는 징징이 국수다. 그녀는 사람들에게 징징이 국수를 소개하면서 덧붙인다. "누구나 집이 생각나는 음식이 저마다 하나쯤 있을 텐데요. 나이가 들수록 일에 매달릴수록 외로운 마음은 커져만 가죠. 집에 돌아가 그 음식을 먹으면 안심이 돼요. 그리고 깨닫게 되죠. 날 아직 사랑해 주는 사람이 있음을."

그녀의 이야기를 듣고 징징이 국수를 맛본 사람들은 소박하지만 맛있다며 감탄을 연발한다. 하지만 이내 폴 셰프가 준비한 단순한 콩소메에 다시 열광한다. 그의 요리가 싸구려 양념스프와 맹물로 만든 콩소메에 불과하다고 하더라도 그가 만든 건 고급스러운 요리라고 생각하는 무모한 '믿음'이 내포되어 있기 때문이다. 이들에게 중요한 건 음식이 지닌 진짜 맛이 아닌 남들에게 보여지는 이름값이다.

그 음식을 먹으면 안심이 돼요. 그리고 깨닫게 되죠
날 아직 사랑해 주는 사람이 있음을

어떻게 보면 이 게임은 오이가 이기기 어려운 게임이다. 왜냐면 난 폴 셰프의 동인이 더 분명하고 매우 강력하다고 생각한다. 세상 모든 걸 사랑의 힘으로 다 이길 수 있으면 참 좋겠지만 사랑의 힘만큼이나 분노의 힘 역시 매우 세고 특히나 분노는 목적 지향적이다. 폴 셰프가 끝내 성공하지 못한 이유는 사랑이 부족해서가

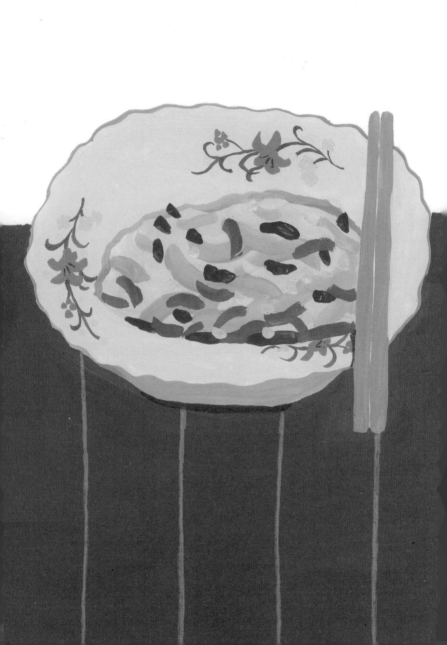

아니라 그가 이 사회의 룰을 어겼기 때문이다.

영화 속 징징이 국수는 소박하다. 우리가 진짜 사랑하는 음식은 절대 화려하거나 겉치레가 없다. 이 소박한 소울푸드는 오이의 가족을 늘 위로해주었고 앞으로도 그럴 것이다. 어떤 요리든, 기억과 엉켜 있지 않으면 소울푸드가 되긴 어려운 것 같다. 엄마가 만들어주던 집밥, 아플 때 먹던 음식, 사랑한 사람과의 추억이 담긴 요리.

난 어릴 때 우리 아빠가 만들어 주시던 떡볶이를 잊지 못한다. 돼지고기가 들어간 떡볶이였는데, 뜨겁게 달군 팬에 삼겹살로 기름을 내고 떡을 볶은 뒤 고추장 양념을 한 요리였다. 엄마가 해준 떡볶이와는 완전히 달랐는데(엄마의 떡볶이는 고춧가루로 양념을 한 깔끔한 떡볶이였다), 난 그 구수하면서 진한 국물의 아빠 떡볶이를 무척이나 좋아했다. 어느 순간부터 그 떡볶이는 먹을 수 없게 됐지만 여전히 누군가 내게 소울푸드가 무엇이냐고 물어보면 아빠의 떡볶이가 떠오르곤 한다. 요즘은 고급식당에서 떡볶이에 트러플까지 넣어가며 파는 곳이 있지만, 내 기억 속 아빠의 떡볶이와는 비교할 수가 없다.

누군가를 위해 요리를 한다는 것과 나를 위해 요리 해주는 누군가가 존재한다는 것. 이게 얼마나 감사한 일인지는 내가 밥을 짓고 나이가 들어갈수록 알게 된다. 영화 〈헝거〉는 요리를 통해 삶에 있어서 가장 중요한 것이 무엇인지 묻는다. 당신에게 채워지지 않는 진짜 허기는 무엇인지도.

팟씨유

오이네 가족이 운영하는 식당의 주메뉴는 팟씨유다. 태국어로 팟pad은 '볶다' 또는 '볶음'을, 시이우see ew는 '간장'을 뜻하며 팟씨유는 간장으로 볶은 면요리라고 할 수 있다.

팟타이와 더불어 대표적인 태국의 면요리인데, 팟타이가 얇은 면을 사용한다면 팟씨유는 좀 더 넓고 납작한 센야이라는 면을 사용한다. 맛도 조금 다른데 팟타이가 타마린느 소스로 인해 새콤달콤하다면 팟씨유는 그에 비해 달콤짭짤한 편이다.

오이네 집의 소울 푸드인 '징징이 국수' 역시 팟씨유와 만드는 방법은 비슷하다.

쌀국수 200g, 간장 1큰술, 굴소스 1과 1/2큰술, 피시소스 1/2큰술, 식초 1작은술, 설탕 2작은술, 식물성 오일 3큰술, 마늘 2개, 닭다리살 150g, 청경채 한 줌, 달걀 1개

만들기

1 쌀국수는 미리 물에 불려둔다.

2 소스의 재료인 간장, 굴소스, 피시소스, 식초, 설탕은 잘 섞어둔다.

3 마늘은 슬라이스 해서 준비하고, 닭다리살은 한입 크기로 썰어둔다.

4 잘 달군 팬에 오일을 두르고 슬라이스 한 마늘을 볶다가 닭다리살을 넣고 볶는다.

5 ④에 청경채를 넣고 볶다가 한쪽으로 밀어두고, 달걀 하나를 풀어 넣고 스크램블 한다.

6 불려둔 쌀국수와 소스를 넣고 잘 볶아서 접시에 담아낸다.

기생충

한우 채끝을 얹은
짜파구리

왜 짜파구리에 한우 채끝이었을까? 디테일로 익히 알려진 봉준호 감독은 자신의 영화에서 음식으로 계급을 나타내곤 했다. 〈설국열차〉에서는 머리 칸과 꼬리 칸 사람들이 먹는 음식으로, 〈기생충〉에서는 서민 음식에 비싼 한우 채끝살을 얹어 사람과 사람의 구분 짓기를 한다.

때론 사람과 사람을
구분 짓는 음식

처음 대학교에서 강의를 시작했을 때의
일이다. 성적 평가 기준에 중간고사와 기말고사 외에 토론이 있었
는데, 가볍게 이야기 나눌 수 있는 주제를 고민하다가 영화 〈살인
의 추억〉이 떠올랐다. 이 영화의 마지막 장면에서 극중 두만송강호 분
은 범인으로 확실히 믿었던 현규박해일 분가 범인이 아니라는 유전자
검사 결과를 받고 결국 그를 놓아줄 수밖에 없는 상황에 처한다.
이때 이 영화에서 가장 유명한 대사가 나오는데, 두만이 현규에게
"밥은 먹고 다니냐?"라고 묻는 대사다. 토론주제는 "자, 여기서 왜
두만은 수많은 말 중 '밥'이 들어간 이런 대사를 했을까?"였다. 답변
은 다양했다. 현규는 밥을 먹을 가치도 없는 인간이라는 의견과 밥
이란 인간의 생존에 있어서 가장 기본적인 것이니 두만은 현규를

한 인간으로 바라보고 측은한 마음을 이야기하는 것이라는 의견이 팽팽했다. 소수의 의견으로는 두만이 밥도 먹지 못하고 살인범을 쫓는 스스로에게 한 대사라는 의견도 있었다.

우리가 흔히 묻는 인사인 '밥 먹었어?'는 정말 밥을 먹은 게 궁금하다기보다는 안부에 대한 관용적 표현일 것이다. 이 영화에서 두만은 한국적인 정서를 지닌 형사 캐릭터이기에 그가 '밥은 먹고 다니냐?'고 물은 것은 자신의 분노를 담아서 '네가 인간답게 살고 있냐?'고 물었던 건 아닐까. 이 대사는 송강호 배우의 애드리브로 알려져 있는데, 역시 봉감독의 의중을 찰떡같이 소화한 감독의 페르소나라는 생각이 든다. 재밌는 점은 이 영화가 외국에 상영될 때인데, 이 문장은 'Do you get up each morning too?(너도 매일 아침에 일어나니?)'라고 번역됐다. 아마 '밥'이 지닌 한국적 뉘앙스를 번역하는 게 힘들었을 것이다.

봉테일이라는 별명이 붙을 만큼 디테일에 강한 봉준호 감독은 영화 속 음식을 통해서도 메시지를 탁월하게 전달한다. 시골 소녀 미자와 슈퍼 돼지 옥자의 우정을 그린 영화 〈옥자〉에서는 유전자 조작과 비윤리적인 공장식 사육 및 도축을 다루고, 기상 이변으로 모든 것이 얼어붙은 지구에서 유일하게 달리는 열차를 다룬 〈설국열차〉에서는 꼬리 칸과 머리 칸의 음식을 극명하게 대비시킨다. 꼬리 칸에 있는 사람들은 검고 물컹해 보이는 젤리 형태의 프로틴 블록을 먹지만 칸을 이동할수록 음식은 달라진다. 앞 칸으로 이동할 수록 신선한 음식들이 등장하기 시작하고, 머리 칸에 이르러서는 스테이크와 와인을 먹는 모습을 통해 벌어진 계급차를 보여준다.

기택이 마신 맥주는 왜 필라이트였을까

음식을 통한 이러한 묘사는 2019년 영화 〈기생충〉에서 한층 구체화된다. 주인공인 **기택송강호 분**은 대만 카스테라 사업에 실패한 뒤 실업자가 된 인물이다. 영화 초반, 반지하방에 사는 기택네 식구는 피자 박스를 접고 받은 돈으로 '일부 핸드폰 재개통, 쏟아지는 와이파이'를 축하하며 술을 마신다. 이때 실용적인 것을 우선시하는 노동자 계급인 기택의 가족이 마시는 술은 필라이트다. 필라이트는 시중에서 판매되는 가장 저렴한 맥주이기도 하다. 아니, 사실 필라이트는 맥주가 아니어서 저렴하다. 이게 무슨 소리냐고? 국내 현행법상 맥주로 분류되기 위해서는 맥아의 비율이 10%를 넘어야 되는데, 필라이트는 10%를 넘지 않기 때문에 발포주로 분류돼 식품 유형이 '기타 주류'에 속하기 때문이다. 국산 맥주들의 맥아 함량은 대체로 70% 이상이다. 그래서 필라이트 광고에는 맥주라는 말 대신에 국내산 보리라든지 100% 아로마 호프나 맥아라는 표현을 사용해서 맥주를 연상하게끔 만든다. 맥주와 발포주는 당연히 맛도 차이가 나지만 세금에도 큰 차이가 있다. 주세법에 근거해서

맥주는 원가 기준 72%가 주세인데 반해, 필라이트는 기타 주류로 분류되어 주세가 30% 나온다. 필라이트가 다른 맥주에 비해 저렴하게 판매될 수 있는 이유다.

필라이트를 즐기던 기택네 가족은 점점 박사장네 가족과 가까워지면서 다른 술을 마시기 시작한다. 일본 수입 맥주를 마시기 시작하고 박사장네 집에 들어가서는 로얄 살루트, 발렌타인 30년 같은 고급 수입 양주를 마시기 시작한다. 흥미로운 건 영화 속 기택은 알코올 의존도가 높은 모습을 보이는데 반해, 박사장이 술을 마시는 모습은 나오지 않는다는 점이다.

음식이 단순히 취향과 기호가 아닌 것이 될 때

박사장의 집에도 많은 음식이 등장한다. 지하 저장고에 가득한 와인과 매실주, 냉장고에 채워진 음식과 비싼 수입 생수, 바비큐와 케이크 등 먹을 게 넘친다. 그리고 이 중심에 화제의 '한우 채끝을 얹은 짜파구리'가 있다. 대표적인 서민의 음식인 라면에 한우 채끝을 얹어 다른 이들과 자신을 구별짓기를 하려고 한 이 음식은 계급의 메타포로 봐도 좋을 것이다.

우리가 서민적 음식이라고 인식하는 라면에는 평소에 계급이 지워져 있다. 대량 생산과정에서 표준화되어 나왔기에 부자이거나 가난하거나 누구나 즐겨 먹으며 이 안에 딱히 계급이 있다고 생각하지 않는다. 일단 영화는 라면을 통해 계급 간 경계의 모호성을 만들어 낸다. 하지만 여기에 한우를 얹으면 얘기는 달라진다. '굳이' 값싼 라면에 비싼 한우를 추가하는 소비의 과잉을 보여줌으로써 박사장네와 기택네는 다른 계급임을 다시 한 번 확인시킨다.

누군가에게 하루를 잇는 끼니
다른 이에게는 취향을 드러내는 한 끼

영화는 음식뿐만 아니라 주방 공간과 음식을 담는 그릇까지도 이들의 다른 삶을 보여준다. 기택네 가족이 가벼운 플라스틱 그릇을 사용한다면 박사장네 가족은 필요 이상으로 크고 무거운 도자기 그릇을 사용한다. 기택의 집이 주방과 거실을 겸하고 있는 반면 박사장의 집은 주방과 거실이 완벽히 분리되어 있다. 기택네가 작은 식탁에 옹기종기 살을 부비며 앉아 있다면 박사장네는 네 식구가 앉기에는 지나치게 넓은 식탁을 갖고 있다. 박사장의 집에 있는 식탁의 의자 수 역시 주목할 만한 부분인데, 처음 여덟 개였던 의자가 문광이 초인종을 누른 후부터 열 개로 바뀐다. 이는 박사장네 집에서 밥을 먹는 사람이 박사장네 가족 네 명과 박사장네 기생하는 기택네 가족 네 명을 합쳐 모두 여덟 명인 줄 알았는데, 알고 보니 지하에 문광네 가족 두 명이 더 있었다는 걸 의미한다는 재밌는 해석도 있다. 문광과 그의 남편은 매실주부터 와인까지 차고 넘치는 음식들이 있는 지하 저장고에 살고 있지만, 그들이 선택할 수 있는 음식은 없다는 점도 의미심장하다.

이렇게 부와 자원이 한 곳에 편중되어 있는데 이것이 불러올 참극은 불 보듯 뻔하다. 박사장이 기택을 보며 '냄새가 선을 넘는다'고 표현할 때, 대다수의 사람들은 불편함을 느낀다. 우리는 직감적으로 그 냄새가 뜻하는 게 무엇인지를 너무나 명확하게 알고 있다. 현대 사회에 계급은 사라진 것처럼 보이지만 여전히 존재하고, 현대사회에서 기체화된 계급은 냄새를 타고 흐른다. 봉준호 감독은 음식을 비롯한 여러 상징을 활용해 현대사회의 불평등을 이야기하고 있다.

아, 그리고 갑자기 떠오른 기억 하나. 때는 바야흐로 2021년 봄. 난 아침 일찍 동네 카페에 들러 잠깐 책을 읽고 나가려던 참이었다. 이른 시간이라 손님이 별로 없었는데, 다시 한 번 쳐다보게 만드는 익숙한 중년 남자의 실루엣이 보였다. '어디서 봤더라…?' 그리고 이내 깨달았다. '아아. 봉준호 감독님!' 나의 가슴은 콩닥거렸고 이 설레임을 인스타에 올렸더니 나의 인친들은 사인이라도 받으라며 나를 부추기기 시작했다. 일하는데 방해될까 조심스러웠지만 이런 기회를 놓칠 수 없지. 마음 같아서는 감독님의 영화 아카데미 시절 〈지리멸렬〉부터 팬이었다는 말을 하고 싶었지만 그건 가슴 한편에 묻고, 갖고 있던 책에 사인만 부탁드렸다. 그 책은 졸지에 나의 베스트 북이 되어 버렸지. 대대손손 물려주고 싶은 이 책의 이름은 크리스티안 미쿤다의 《금지된 장소, 연출된 유혹》, 봉 감독님의 사인을 받을 책으로는 생뚱맞기도 하지만 어쩌겠어. 그때 갖고 있던 책이 이거 하나였는데. 감독님에 대한 추억까지 떠올린 김에 오늘 저녁은 짜파구리를 끓여야겠다.

한우 채끝을 얹은 짜파구리

영화 〈기생충〉으로 제77회 골든글로브 시상식에서 외국어 영화상을 받은 봉준호 감독은 수상소감에서 "서브타이틀(자막)의 벽을 1cm 뛰어 넘으면 훨씬 더 많은 영화를 즐길 수 있다"고 말해 화제가 되기도 했다. 자막이 있는 외국어 영화에 배타적인 편인 미국관객들에게 언어의 장벽을 넘어 영화라는 언어로 다가가길 바라는 마음을 표현한 것이다.

영화 〈기생충〉은 번역이 좋았다는 평가도 받고 있다. 그럼 짜파구리는 영어로 뭐라고 번역이 됐을까? 이 영화의 번역가이자 영화평론가이기도 한 달시 파켓Darcy Paquet은 짜파구리를 라면Ramen과 우동Udon의 합성어인 'Ram-don'으로 번역했다. 꼭 맞는다고는 할 수 없지만 상호명인 짜파게티나 너구리를 모르는 해외 관객들에게는 재밌는 번역으로 느껴지지 않았을까 싶다.

영화의 기분을 내고 싶다면 한우 채끝까지는 아니더라도 소고기 뒷다리살이라도 구워 얹어서 먹어보자. 영화 속 충숙처럼 "그런데 짜파구리가 뭐야?"라고 물어보실 분이 혹시 있으실까 싶어서 만드는 법도 간략하게 소개한다.

재료

짜파게티 1개(스프 2/3만 사용), 너구리 1개(스프 1/2만 사용), 한우 채끝살 200g, 소금·후추 약간, 올리브 오일 1큰술

만들기

1 한우 채끝살은 깍뚝 썬 뒤 소금 후추를 간한다.

2 달군 팬에 기름을 두르고 ①의 채끝살을 빠르게 구워낸다.

3 끓는 물에 너구리면을 넣고 30초가량 끓인 뒤 짜파게티 면을 넣어 끓인다.

4 면이 70%가량 익었을 때 물을 따라내고 두 가지의 스프를 넣어 볶는다.

5 마지막에 구워둔 채끝살을 넣고 볶아서 낸다.

에브리씽 에브리웨어 올 앳 원스

에브리씽 베이글

이 영화는 '멀티버스'를 소재로 하는 SF 장르이다. 멀티버스가 무엇인가 하면 '다중Multi 우주universe' 즉, 우리가 살고 있는 우주 이외에도 다른 우주가 있다는 뜻이다. 에블린, 웨이먼드, 조이. 세 가족은 여러 우주를 통해 또 다른 자신의 모습을 만난다. 그럴수록 현실 속 모습이 초라하게 느껴지면서, 그만 '베이글'이라는 블랙홀을 만들어 자신의 세계를 파괴하고자 한다.

누군가의 다정함으로
자신감을 얻는다

"이걸 판다고? 그럼 나 이거 살래!" 인
스타 피드에 올라온 〈에브리씽 에브리웨어 올 앳 원스〉의 인형 눈
Googly eyes을 붙인 돌멩이를 보고 내가 한 말이었다. 누가 들으면
"아니 흔해 보이는 돌을 돈 주고 사겠다고?" 할지 모르지만, 이 영
화를 본 사람이라면 이건 흔한 돌멩이가 아니라는 걸 알 것이다.
이건 K-장녀를 오열하게 만든 바로 그 돌이라고!

주인공 에블린 양자경 분은 코인 빨래방을 운영하고 있다. 철없는
남편 웨이먼드 키 호이 콴 분와 삐딱한 딸 조이 스테파니 수 분, 고집 센 아버
지까지 챙겨야 하는 그녀의 삶은 쉽지 않다. 수북하게 쌓인 영수증
앞에서 끙끙대다가 힘겹게 영수증을 정리해 국세청에 간 날, 그녀

는 멀티버스 안에 수 천, 수 만의 자신이 살아가고 있다는 얘기를 듣게 된다. 심지어 그 말을 전한 건 남편 웨이먼드다. 그는 '지구에는 평행 우주가 존재하며 인생의 사소한 결정들이 엄청난 차이를 만들어서 이 우주에는 수많은 내가 존재한다'고 말한다. 덧붙여 자신을 다른 우주들과 최초로 교신하게 된 '알파버스'에서 온 '알파 웨이먼드'라고 소개하며 그곳에서의 에블린은 뛰어난 과학자라는 것이다.

'알파버스라니?' 이쯤 되면 현실 세계의 에블린은 어리둥절할 수밖에 없다. 게다가 평행 우주의 질서를 유지하기 위해서는 에블린이 꼭 필요한데, 이유는 평행 우주에 불안을 가져온 악당 '조부 투파키'가 현실세계의 에블린의 딸 조이라는 것이다. 다른 우주에서 에블린이 딸인 조이의 능력을 한계까지 몰아붙이는 실험을 하면서 조이가 '모든 우주의 모든 것'을 경험한 조부 투파키라는 괴물이 됐다는 것이다. 이쯤 되면 이 믿을 수 없는 얘기에서 얼른 깨든가, 아니면 그녀의 각성이 필요한 시점이다.

영화는 에블린이 가지 못한 여러 갈래의 삶을 평행우주 속 '수많은' 에블린을 통해 펼쳐낸다. 홍콩 최고 배우로서의 삶, 요리사로서의 삶, 자산가로서의 삶 등 그녀 앞에 펼쳐진 다양한 선택지 중에 '현재의' 에블린의 삶이 가장 시시해 보인다. 그건 남편인 웨이먼드도 마찬가지다. 다른 우주에서 에블린과 헤어진 뒤 자수성가해 성공한 삶을 살고 있는 웨이먼드는 우연히 재회한 에블린에게 말한다. "다른 삶이 있다면, 당신과 같이 빨래방도 하고 세금도 내면서 살고 싶어!" 어떤 인생도 완벽할 수 없으며 결핍은 쉽게 사라지지 않는다.

절 자랑스러워하지 않아도 괜찮아요
마침내 제가 자랑스러우니까

사람들은 인생에서 경험이 필수적이라고 말한다. 우리는 경험을 통해 성장하고 발전하며 지혜를 얻고 문제 해결 능력을 배운다. 그건 명백한 사실이다. 하지만 지나치게 너무 많이 경험한다면 어떤 일이 생길까. 딸 조이는 멀티버스를 통해 세상의 모든 것을 경험하고 난 뒤 삶의 고통도 행복도 모두 의미가 없다는 결론에 도달한다. 지나치게 많은 경험이 인생을 풍부하게 만든 것이 아니라 오히려 공허하게 만든 것이다. 그리고 이런 질문에 도달한다. "그럼 왜 살아야하지?" 결국 허무주의에 빠진 조이는 자신을 파괴하기 위해 '베이글'이라는 블랙홀을 만들어 낸다. 들어가면 모든 걸 잊고 탈출할 수 있지 않을까, 하고.

하지만 난 영화를 보면서 조이가 정말 베이글의 어두운 구멍 속으로 들어가고 싶은 걸까 궁금해졌다. 왜 굳이 엄마인 에블린에게 그 구멍을 보여주고 싶었을까, 그건 스스로를 파괴할 만큼 견디기 어렵다고 말하고 싶었던 게 아닐까. 그 구멍은 조이의 허무한 마음

인 동시에 사랑과 이해를 구하는 애처로움으로 느껴졌다. 그렇다면 애초에 평행우주 속 조이는 왜 빌런인 조부 투파키가 됐을까. 그건 알파버스의 에블린이 조이로부터 원하는 능력을 얻기 위해서 끝까지 밀어붙인 데 있다. 현실도 다르지 않다. 에블린은 딸 조이의 동성 애인을 인정해주지 않고 3년이나 사귄 사이인데도 할아버지 앞에서는 친구라고 소개하며 커밍아웃하고 싶은 조이의 마음을 무시한다. 끊임없이 잔소리하고 통제 하는 탓에 현실의 조이도 폭발 직전이다. 조이도 떠날 수만 있다면 지긋지긋한 이 현실을 떠나고 싶어 한다.

자신에게서 문제를 찾으려 할 때, 해결책은 보인다

그럼 엄마인 에블린은 어떨까? 현재의 삶이 못마땅하긴 그녀도 마찬가지다. 그녀는 이루지 못한 목표와 버린 꿈이 너무 많아서 현재 최악의 에블린으로 살고 있다고 생각한다. 에블린 역시 아버지에게 인정받고 싶었지만 단 한 순간도 그녀를 인정해준 적이 없었다. 에블린은 그런 아버지에게 왜 자신을 그렇게 쉽게 포기했냐고 묻는다. 그 순간 갑자기 허무함이 밀려온 에블린은 조이처럼 변하기 시작한다. 매일 아침 좁은 집에서 눈을 떠야하고 매일 빨래방에서 세탁을 하고 세금을 내는 이 쳇바퀴처럼 살아가는 삶이 아무 의미 없고 부질없다고 느껴졌기 때문이다.

에블린의 마음을 알아챈 조이는 손을 내민다. 혼자 가지 않아도 된다며 함께 가자고 엄마의 손을 잡는다. 이들을 구하는 건 남편인 웨이먼드다. 조이가 이 세상이 엉망진창인 이유를 나를 둘러싼 세계에 문제가 있기 때문이라고 생각할 때, 웨이먼드는 문제의 원인을 자신에게서 찾는다. 사람들은 힘들 때 대부분 외부에서 해결책을 찾으려고 한다. 친구나 연애를 통해 위로를 받으려고 하거나 가족이나 상황에 대한 원망으로 돌리는 것이다. 하지만 이렇게 해선 문제 해결이 잘 안 된다. 내 안을 들여다보는 것 외엔 방법이 없다.

여러 평행우주를 오가며 혼란에 빠진 에블린에게 웨이먼드는 말한다. 다정함을 보여 달라고. 특히 뭐가 뭔지 혼란스러울 때는 다정해야 된다는 게 웨이먼드가 투쟁하는 방식이다. 그는 힘들고 지치는 순간에도 유머를 잃지 않았으며, 국세청 직원 디어드리를 위해 챙겨간 쿠키 덕분에 가족들은 마지막에 기회도 얻게 됐다. 결국 웨이먼드의 다정함은 에블린이 행복했던 지난 순간을 떠오르게 만든다.

모든 게 베이글의 구멍 속으로 빨려 들어가려는 순간, 드디어 에블린은 다정함을 보여주는 방식으로 싸우게 된다. 적들을 대할 때도 그들과 맞서 싸우는 게 아니라, 그들이 이루고 싶었던 소망을 이뤄주는 방식으로 싸운다. 에블린은 모든 걸 무섭게 빨아들이는 어두운 베이글 구멍으로 들어가려는 조이를 붙잡는다. 그리고 에블린의 뒤를 그녀의 아버지가, 웨이먼드가, 그리고 많은 사람들이 잡고 끌어당긴다. 에블린이 이마에 붙인 세 번째 눈은 인도에서 깨달음을 얻은 사람의 이마에 열리는 눈으로 그렇게 다정함의 눈을 갖게 된 에블린은 조이를 구해낸다. "그 어떤 인생을 살아도 나는 너를 구원할 거야." 그리고 한때 자신을 부끄러워했던 아버지에게 말한다. "절 자랑스러워하지 않아도 괜찮아요. 마침내 제가 자랑스러우니까." 에블린은 그 마음으로 자신의 딸 조이를 있는 그대로 인정하게 된다. 난 이 대사가 정말 좋았다. 모든 관계에서 가장 중요한 건 상대방을 있는 그대로 인정하고 사랑하고 그 사람의 결정을 믿어주는 게 아닐까. 이 영화에서 모두를 진정시킨 한마디, "Be kind"

우리, 서로에게 더 친절해지길. 결국 다정한 것이 살아남는다.

에브리씽 베이글

이 영화를 보고 나면 평소에는 무심코 봤던 베이글의 구멍을 유심히 바라보게 된다. 유대인의 빵으로 알려진 베이글은 뉴욕의 아침식사를 상징하는 메뉴이기도 하다. 베이글은 다른 빵과 달리 끓는 물에 데쳐서 오븐에 굽는 게 특징인데, 데쳐서 구우면 표면의 전분 양이 줄어들어서 겉은 반짝이면서 단단해지고 속은 조직이 치밀해져서 폭신하면서도 쫄깃한 맛이 난다.

영화 속에서 블랙홀처럼 묘사된 에브리씽 베이글은 다양한 토핑을 올려서 구운 베이글을 말한다. 보통 참깨를 기본으로 마늘 프레이크와 양파 프레이크, 양귀비씨, 소금, 후추가 기본이 되고 캐러웨이 씨를 섞어서 만들기도 한다. 외국에서는 이런 재료들을 혼합한 에브리씽 베이글 시즈닝도 판매되고 있는데, 우리나라에서는 양귀비씨poppy seed가 수입 불가 품목이라 이 시즈닝을 구할 수 있는지 모르겠다.

토핑 재료를 모두 준비하기 어렵다면 참깨와 양파 프레이크, 소금, 후추만 있어도 된다. 베이글은 어떻게 만들어도 맛있으니까!

(재료)

강력분 250g, 인스턴트 드라이이스트 3g, 소금 3g, 물 130g, 꿀 15g, 버터 8g, 참깨·양파 프레이크·마늘 프레이크·소금·후추 등을 섞어 만든 토핑 적당량, 물 2리터(베이글 반죽을 데칠 용도)

(만들기)

1 토핑 재료들은 모두 잘 섞어둔다.

2 볼에 강력분을 넣고 인스턴트 드라이이스트, 소금을 넣고 섞는다.

3 물을 넣고 반죽하다가 꿀과 버터를 넣어 15~20분간 끈기가 생기도록 치댄다.

4 볼에 반죽을 담고 젖은 면보를 씌워서 따뜻한 곳에서 40~50분가량 둔다.

5 부풀어 오른 반죽의 가스를 가볍게 뺀 뒤, 반죽을 4등분해서 중간 발효 시킨다.

6 발효가 끝난 반죽을 밀대로 밀어서 직사각형으로 만든 뒤, 끝에서부터 돌돌 말아 마지막에는 손으로 꼬집 듯이 꼭꼭 눌러서 붙인다.

7 반죽의 양끝 부분은 납작하게 눌러 둥글게 되도록 서로 맞붙인다.

8 완성한 베이글 반죽은 따뜻한 곳에서 30분가량 2차 발효한다.

9 끓는 물에 반죽을 넣고, 한쪽 면씩 각각 30초가 넘지 않도록 데친다.

10 데친 반죽 위에 달걀물을 바르고 토핑을 얹은 뒤, 190도로 예열한 오 븐에 넣고, 15~18분가량 구워 완성한다.

소공녀

위스키

3년 차 프로 가사도우미 '미소'는 하루 한 잔의 위스키와 한 모금의 담배 그리고 사랑하는 남자친구만 있다면 더 바라는 것이 없이 살아간다. 녹록치 않은 현실 속, 집도 없는 그녀에게 취향을 지켜낸다는 건 어떠한 의미일까. 그리고 그런 그녀의 선택을 현실에서 벗어난 동화 같다며 조롱할 수 있을까.

한 잔의 위스키가 주는
위로

내가 위스키에 관심을 갖게 된 건 무라카미 하루키의 책《만약 우리의 언어가 위스키라고 한다면》때문이다. 하루키는 서문에서 언어를 위스키에 비유하며, 우리의 언어가 위스키라면 이처럼 고생할 일이 없었을 것이라고 말한다. 유감스럽게도 우리의 언어는 너무나 불확실해서 때론 오해를 불러일으키기도 하고 상대방에게 진심으로 닿지 못하기도 한다. 그런데 위스키는 너무도 심플하고, 너무도 친밀하고, 너무도 정확하게 전달된다. 잠시 상상해본다. 위스키의 어떤 매력이 하루키로 하여금 '언어가 위스키가 되는 행복한 순간'이라는 표현을 쓰게 만든 것일까.

다행히 알 수 있는 기회가 오래지 않아 찾아왔다. 내가 일하던 공유 오피스 건물 1층에 평소 눈여겨뒀던 바가 이사를 온 것이다. 난 진눈깨비가 흩날리던 어느 겨울날, 조심스럽게 그곳에 들어섰다. 바는 따뜻하고 편안했다. 나에게 새로운 취향이 하나 생긴 날이었다. 그리고 영화 〈소공녀〉 속 미소의 마음을 조금은 이해하게 됐다.

위스키 한 잔에 기대는 것도 내겐 행복이야

영화 〈소공녀〉의 주인공 미소이솜 분는 학자금이 부족해서 대학을 중퇴한 뒤 가사도우미로 일하고 있다. 그녀의 즐거움은 한 잔의 위스키와 한 모금의 담배, 그리고 남자친구 한솔안재홍 분이다. 그녀는 성실하게 하루하루를 살아내고 있지만 새해가 되자 더 궁핍해진다. 줄줄이 오르는 물가에 가사 도우미 일당은 그대로이기 때문이다. 결국 감당할 수 없어진 그녀는 월세, 약값, 위스키 값, 담배 값 중에서 어떤 걸 포기해야 할까 고민하다가, 월세 방을 포기하기로 한다. 그녀는 집보다 중요한 무엇이 있다고 생각한 것이다. "집이 없어도 생각과 취향은 있어"라는 대사가 이를 보여준다.

그녀는 이사를 위해 짐을 정리하다가 한 장의 사진을 발견한다. 대학시절 음악 밴드를 할 때 멤버들과 함께 찍었던 사진이다. 지난 시절을 떠올린 미소는 종이에 '더 크루즈The cruise'라고 다섯 멤버의 이름을 적고, 그들을 차례로 찾아 나서는 여행을 시작한다.

미소가 다섯 멤버 중 처음으로 찾아간 사람은 베이스를 치던 최문영이다. 미소가 문영의 회사로 찾아갔을 때 그녀는 과중한 업무에 지친 상태다. 이미 밴드시절의 자유로운 삶은 찾아볼 수 없고 점심시간에 회사 휴게실에서 당 링거를 맞으면서도 더 큰 회사로 이직해서 성공하고 싶다고 말한다. 하루 재워달라는 미소의 말에 자신이 예민하기 때문에 같이 잘 수는 없다며 문영은 거절한다. 미소는 서울할 법도 한데 "괜찮아. 너 어떻게 지내는지 보고 싶어서 왔어."라고 말하고는 반가운 친구를 본 것으로 만족하고 떠난다.

집이 없어도 생각과 취향은 있어!

미소가 두 번째로 찾은 곳은 키보드를 맡았던 현정의 집이다. 현정은 계란 한 판을 사 들고 찾아온 미소를 누구보다 반갑게 맞이한다. 그녀는 시부모님을 모시고 살며 자신에게 맞지도 않는 전업주부의 삶을 사느라 고달프게 지내고 있다. 요리 실력이 늘지 않아서 하루 세 끼를 차리는 게 고역인 그녀는 시부모님 눈치에 남편 눈치까지 보면서 옛 친구를 하루 묵게 했다는 사실로 부부싸움까지 해야 하는 처지다. 미소의 마음이 편할 리 없다. 미소는 현정과 지난 추억을 얘기하다가 현정이 스르르 잠이 들자 친구를 위한 요리를 시작한다. 자신이 사온 계란으로 장조림을 만들고 든든한 밑

반찬을 준비한 뒤 어젯밤에 행복했다는 쪽지를 남기고 현정의 집을 떠난다.

　세 번째는 드럼을 치던 한대용의 집이다. 그는 새로 지은 아파트에 살고 있다. 그런데 무슨 영문인지 집안엔 배달 음식 박스가 너저분하게 널려있고, 대용의 표정도 어딘가 그늘이 있다. 이상한 낌새를 느낀 미소가 무슨 일이 있냐고 묻지만 대용은 도통 대답하지 않는다. 다음 날 아침, 출근하는 대용은 어제 무슨 일이 있었냐는 듯 말끔하게 차려입고 미소가 차려준 아침 식사를 하고 출근한다. 하지만 이 사실을 들은 남자친구 한솔이 남자 혼자 사는 집에 머무는 건 반대라고 하자 그곳을 떠나기로 한다. 떠나는 날이 돼서야 대용은 이 아파트는 자신에게 20년 상환의 감옥일 뿐이고, 결혼 전 아파트를 사야 한다며 노래를 부르던 아내와는 8개월 전에 이혼을 했다고 말한다. 앞으로 그가 20년의 빚을 갚고 나면 이 아파트는 그 시간만큼 그와 함께 늙어가고 있을 것이다.

미소가 찾은 네 번째는 보컬을 하던 김록이의 집이다. 그의 부모는 미소를 보자마자 반색을 한다. 나이 든 아들을 장가보내는 게 소원인 그의 부모님은 어떻게든 미소를 잡고 싶은 마음에 상다리가 부러지도록 푸짐한 밥상을 내놓고 갑자기 '즐거운 나의 집'을 연주하며 화목한 가족임을 보여주느라 애쓴다. 심지어 록이마저 지금 우리 둘에게 필요한 건 안정감이니 연애는 남자친구랑 하고 결혼은 나랑 하자며 말도 안 되는 억지를 부리기 시작한다. 결국 그의 가족들은 미소가 집 밖으로 나가지 못하도록 창과 문을 걸어 잠그는 촌극까지 벌이고, 미소는 감금된 집에서 간신히 탈출한다.

마지막으로 찾아간 곳은 기타를 치던 정미의 집이다. 학창 시절

정미가 다단계에 빠졌을 때 미소가 그녀의 빚을 갚아준 적이 있다. 이제 정미는 시부모님의 재력으로 그 누구보다 크고 비싼 집에 살고 있다. 정미는 처음엔 미소를 반갑게 맞이하며 넓은 방을 기꺼이 내어주지만 정미 남편과 함께 하는 식사 자리에서 정미를 '기타를 사랑하는 뜨거운 사람'이라고 말했다가 곤혹을 겪게 된다. 자신의 과거를 숨기고 사는 정미에게 미소는 자신의 지난날을 너무 잘 알고 있는 불편한 사람이다.

꼭 취향이 현실을 좇으란 법은 없잖아?

결국 다섯 친구에게 머물 수 없어진 미소는 다시 길을 떠난다. 우리가 타인의 행복이나 불행에 대해 함부로 재단할 수 없기에 미소의 친구들의 선택에 대해서 말할 필요는 없을 것이다. 그들 역시 원했든 원하지 않았든 힘겹게 삶에 주어진 과제를 따라가고 있다. 성공에 대한 압박을 느끼며 가부장 이데올로기에 희생되며 부채 인간이 된 스스로의 인생을 때론 버겁게 느끼며 살아가는 것이다. 그들은 거주할 집을 확보했지만, 영화에서 그 집들은 안락해보이지 않는다. 특히 대용이 감옥이라고 표현한 집이 그렇다. 이런 곳을 진정한 의미에서 집이라고 할 수 있을까?

인문 지리학자인 이-푸 투안은 공간과 장소의 차이를 설명하면서 어떤 공간이 장소가 되기 위해서는 그곳에 우리가 의미와 가치를 부여하고 경험과 감정이 녹아들 때 장소로 발전한다고 말한다. 우리가 '집밥'이 먹고 싶다고 말할 때의 집에는 그리움과 따뜻함, 그곳에 대한 추억이 담겨 있다. 부동산 그래프에 등장하는 자산가치만 따지는 집과는 다르다. 부와 권력의 대상으로서의 집이 공간이라면, 정서적 유대와 친밀감이 축적된 집은 장소라고 부를 수 있을 것이다. 그렇기에 우리에게 특별한 장소가 된 집은 더없이 소중하다.

이 영화의 제목은 《소공녀》다. 우리가 어릴 때 읽었던 그 소설 제목과 같고 주인공이 처한 상황, 직업도 같지만 내용은 다르게 전개된다. 이런 차이는 영문 제목에서 잘 드러난다. 프랜시스 버넷의 소설 〈소공녀〉의 제목은 'A Little Princess'인데 반해, 영화 《소공녀》의 영어 제목은 'Microhabitat'으로 '최소 서식환경Micro+Habitat'의 의미를 지닌다. 이것은 그녀가 머물게 되는 작은 공간을 뜻하기도 하지만, 최소한의 서식지조차 확보하기 어려운 그녀가 처한 차가운 현실을 보여준다. 주인공 미소의 이름 역시 그녀의 웃는 모습을 연상시키기도 하지만, 미소微小라는 작은 공간을 의미한기도 한다.

결국 남자친구 한솔마저 미소와 함께 살아갈 집을 구하기 위해 생명수당을 포함해 세 배 이상의 월급을 준다는 사우디아라비아로 떠나게 된다. 미소는 그에게 '배신자'라고 말하면서도 웹툰 작가의 꿈을 포기하지 말라며 드로잉 노트를 선물한다. 하지만 한솔은 미소에게 그건 헛된 희망이라고 이야기한다.

영화 속 미소의 선택은 보편적이지 않으며 사실 현실적이지도 않다. 정미는 술과 담배를 사랑한다는 미소에게 '그 사랑 참 염치 없다'고 말한다. 술과 담배 때문에 머물 집도 하나 못 구해서 떠도는 게 한심하고 이해할 수 없다는 것이다. 나 역시 미소의 처지가 안타까우면서도 한편으론 정미의 말이 이해되기도 했다. 하지만 다른 사람이 선택한 인생에 대해 우리에게 판단할 권리가 있을까? 미소를 염치없다고 비난하기에는 대한민국 사회가 너무 치열하고 지나친 부동산 공화국이 됐다.

아마 많은 관객들이 미소의 결정을 이해할 수 없다고 생각하면서도 미소를 비난만 하기는 어려웠을 것이다. 그저 빚 없이 살고 싶고, 취향을 지키며 살고 싶어 하는 그녀를 누가 틀렸다고 말할 수 있을까. 이건 개인의 문제가 아니라 사회 구조의 문제일 것이다. 난 쌀이 든 검은 비닐봉지에 구멍이 뚫려 쌀알을 흐르는지도 모르고 걷는 미소가 여전히 안쓰럽고 마음이 쓰인다. 부디 그녀가 좋아했던 그 최소한의 취향을 지켜내며 살아낼 수 있길 바라본다.

위스키

영화에서 미소가 즐겨 마시는 위스키는 글렌피딕 15년이다. 글렌피딕은
게일어로 사슴fiddich 계곡Glen이라는 뜻으로 세계적으로 유명한 싱글 몰
트 위스키다. 글렌피딕 15년은 위스키 애호가들이 글렌피딕 제품군 중
가장 선호하는 위스키라고 한다. 살짝 바닐라향이 느껴지는 부드러운 위
스키인데, 내 기준에서는 이 위스키만 고집하기엔 세상에 맛있는 위스키
가 너무 많다.

내가 애정하는 위스키 바의 마스터는 내게 위스키를 추천할 때 위스
키를 가끔 사람에 비유하기도 한다. 혈기왕성한 팔팔한 청년이라든가(글
렌알라키 10년 CS), 점잖은 신사 같다는(글렌드로낙 CS) 표현이다. 물론 난
그 말을 들을 때마다 위스키를 홀짝이며 생각한다. '난 왜 아직 잘 모르겠
지?' 난 사람의 오감에 관한 것은 모두 경험을 통해서만 알 수 있다고 생
각하기에 먹어본 만큼, 마셔본 만큼 알게 된다고 생각한다. 언젠가 '아!
이걸 뜻하는 거였어?'라고 느끼는 순간이 오겠지.

난 위스키가 좋아졌다. 하루키가 말한 너무도 심플하고, 너무도 친밀
한 그 맛을 조금은 알게 됐다고 할까. 언젠가 이 글을 읽는 당신과도 그
취향을 공유할 수 있길 바라며.

딜리셔스: 프렌치 레스토랑의 시작

트러플 감자 파이

감자는 울퉁불퉁한 모양 탓에 나병을 일으킨다는 미신으로 당시 유럽인들에게 금기시되던 식재료였다. 거기에 트러플은 지금과 같이 귀한 것도 아니었다. 이 둘의 조합으로 만들어진 요리 '딜리셔스'를 맛본 주교는 역정을 낸다. 18세기 프랑스 귀족에게 푸대접을 받은 '트러플 감자 파이'는 프랑스의 식문화를 어떻게 바꾸었을까?

귀족의 음식에서
서민의 음식으로

      강의할 때 "프랑스 요리 하면 뭐가 먼저 떠오르세요?"라고 사람들에게 물어보면 가장 많이 나오는 대답이 달팽이 요리인 에스카르고escargot다. 하지만 달팽이 요리를 먹어 봤냐고 물어보면 막상 그렇다는 사람은 드물다. 이건 비단 우리나라만의 상황은 아닌 것 같다.

  영화 〈레볼루셔너리 로드〉에는 뉴욕 맨해튼 근교에 사는 에이프릴케이트 윈슬렛 분과 프랭크레오나르도 디카프리오 분 부부가 파리로 떠나기 전 아이들에게 프랑스에선 달팽이 요리를 먹는다고 얘기하자 아이들이 깜짝 놀라는 장면이 나온다. 영화 〈파리로 가는 길〉에서도 미국 여자인 앤다이안 레인 분이 프랑스 남자인 자크아르노 비야르 분가 건넨 달팽이 요리를 몰래 버리는 장면을 통해 달팽이 요리에 대한 거부감을 묘사한다. 이쯤 되면 프랑스 요리, 특히 달팽이 요리는 미국인들에게도 꽤 낯선 요리인 것 같아 보인다. 프랑스가 미식의 나라인 건 알겠지만 여전히 프랑스 요리가 낯설고 어렵게 느껴지는 이들에게 좋은 대답이 될 만한 영화가 있다. 바로 〈딜리셔스 : 프렌치 레스토랑의 시작〉이다.

영화의 배경은 18세기, 프랑스 혁명 직전을 배경으로 한다. 당시의 프랑스 귀족들은 부유해서 요리로 지루함을 떨쳐내려고 연회를 즐겼으나 백성들은 먹을 게 없어서 집 밖에서 음식을 먹는 일이 드물었던 시기다. 주인공인 망스롱-그레고리 가데부아 분은 공작에게 소속된 요리사로 훌륭한 요리 솜씨로 소문이 자자하다. 연회에서 그의 음식을 맛 본 손님들은 이건 식사가 아니라 발레 공연 같았다고 호평할 정도다. 그런데 그가 맛보기용으로 제공한 요리 중 '딜리셔스'라는 요리가 문제가 된다.

주교가 음식의 맛이 이상하다고 느낀 것이다. 그가 도대체 여기에 뭘 넣은 거냐고 묻자, 망스롱은 트러플과 감자를 넣었다고 대답한다. 그러자 분위기는 갑자기 혹평으로 바뀐다. 어떻게 감자처럼 위험한 식재료를 넣을 수 있냐는 것이다. 게다가 트러플까지 넣었다는 얘기에 이건 돼지 밥으로나 줘야 한다고 역정을 낸다. 결국 망스롱은 신메뉴를 선보였다가 아들과 함께 짐을 싸서 성 밖으로 쫓겨나게 된다.

아마 이쯤에서 '아니, 감자에 트러플까지 넣었으면 너무 맛있겠는데?' 하며 입맛을 다실 사람도 있을 것이다. 심지어 감자는 영화 〈마션〉에서 주인공맷 데이먼 분이 화성에서 살아남게 해 준 고마운 작물 아닌가! 하지만 18세기에는 감자는 물론이고 지금은 비싸게 취급되는 트러플truffle, 서양 송로버섯도 귀한 식재료는 아니었다. 감자는 지금은 매우 흔한 재료지만 당시에는 금기시되던 작물이었다. 감자의 기원은 기원전 3000년, 안데스 산맥 일대에서 재배된 것으로 알려져 있다. 이 새로운 작물을 처음 접한 유럽인들은 매우 낯설어 했다고 한다. 당시에는 덩이식물 자체가 낯선 것이었을 뿐만 아니라 그 재배 방식도 생소하게 여겼다. 보통의 작물들이 씨앗을 심으면 자라는 형태였던데 반해 감자는 그냥 작게 잘라서 심어도 완전한 식물로 자란다는 게 이상해보였던 모양이다. 게다가 땅밑에서 자라는 건 악마와 관련이 있을 거라는 미신적인 사고도 한몫했다.

18세기의 음식문화를 담은 책 중에 이영목 교수가 쓴《프랑스 계몽주의와 감자의 권리 선언》을 보면 18세기 사람들이 감자에 대해 지녔던 편견에 대해 잘 알 수 있다. 감자에 대한 첫 번째 편견은 나병을 일으킨다는 것이었는데 감자의 울퉁불퉁한 표면이 나환자의 피부와 비슷하다는 게 이유였다. 심지어 1748년 프랑스 브장송 법원을 비롯한 몇몇 지역에서는 감자재배 금지령이 내려지기도

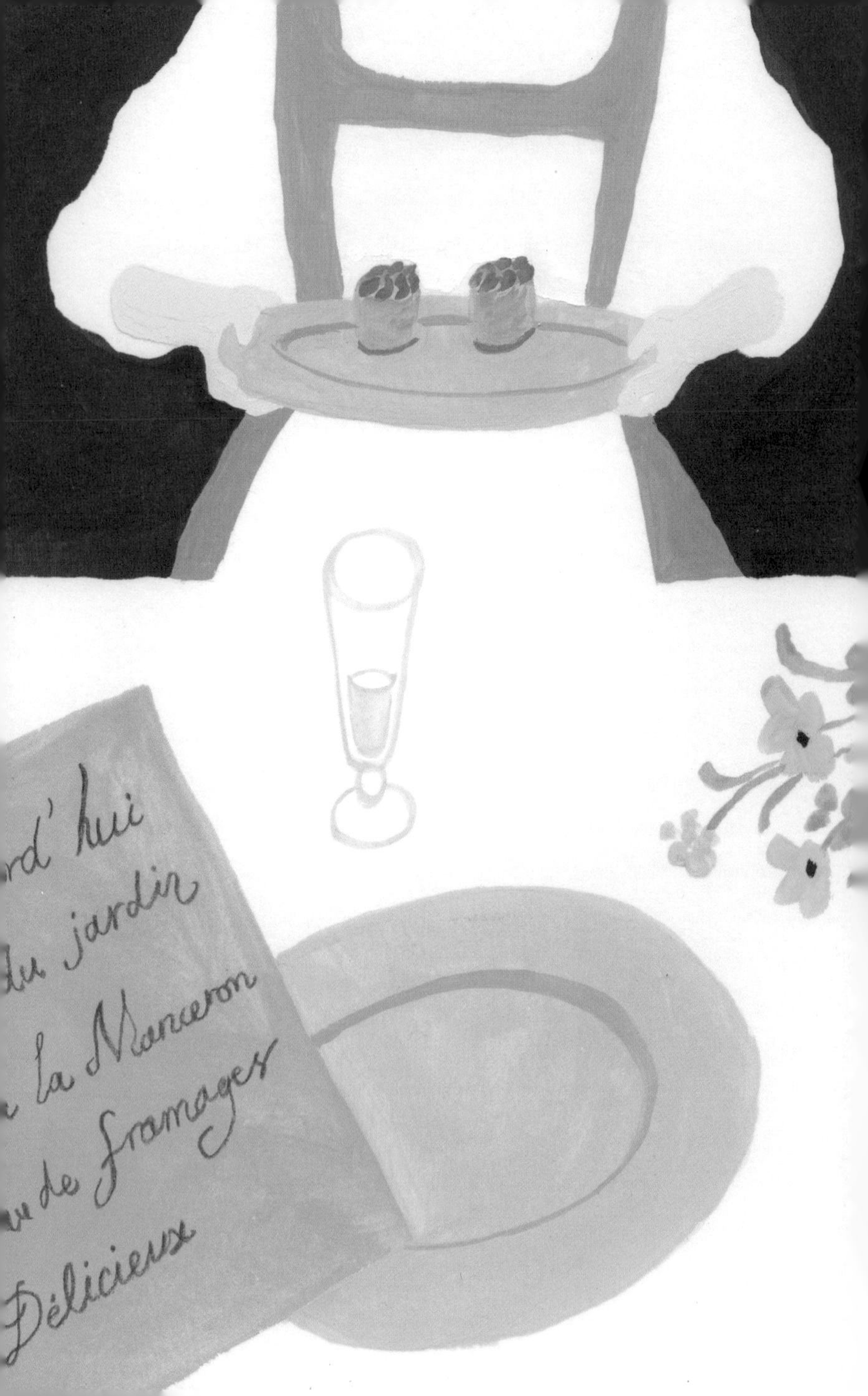
du jardin
de fromages
Délicieux

했다. 두 번째는 감자가 성적 흥분제 역할을 한다는 것이었는데, 이유는 감자를 먹는 지역에서 높은 인구 성장률을 보였기 때문이다. 감자를 먹은 그 지역의 주민들의 영양상태가 좋아졌기 때문에 생긴 오해였다. 이렇게 푸대접을 받는 감자였기에 서양 화가의 그림에서도 감자가 등장하는 경우는 드물다. 그나마 서민의 삶을 그린 고흐나 밀레 정도의 그림에서 감자를 발견할 수 있다.

공작의 저택에서 쫓겨난 망스롱 셰프는 처음엔 우울증에 빠져 요리를 중단하지만 루이즈이자벨 까레 분라는 여자가 찾아오면서 그의 삶은 변화하기 시작한다. 처음엔 요리를 배우고 싶다는 그녀를 외면하고 받아들이지 않지만, 그녀에게서 요리의 재능을 발견한 뒤 함께 배고픈 주민들을 위해 빵과 수프를 팔기 시작한다.

귀족들을 만족시키던 망스롱의 솜씨가 어디 갈까. 망스롱의 요리는 금세 소문이 나고 사람들이 계속 몰려들기 시작한다. 망스롱의 영리한 아들은 이 기회를 놓치지 말자며 아이디어를 낸다. 이제 세상이 변하고 있으니 같이 변해야 한다며 요리사가 권한을 갖고 뭘 만들지 결정해서 음식의 양에 따라 가격을 매기고 귀족에서부터 서민까지 다양한 손님을 받자는 것이다. 지금은 너무 당연하게 느껴지지만 외식이라는 개념이 거의 없던 이 시기에는 획기적인 시도였다. 영화의 제목 그대로 프렌치 레스토랑의 시작을 알리는 사건이었다.

레스토랑이 생겨나기 시작한 배경과 역사에 관해서는 여러 이야기가 있지만 가장 유력한 것은 1789년의 프랑스 대혁명을 꼽는다. 혁명으로 인해 귀족에게 고용되어 있던 요리사들이 대거 일자리를 잃게 되었고 그들이 거리로 나와 레스토랑을 시작한 것이다. 이 때문에 레스토랑을 프랑스 혁명의 근대적인 발명품이라고 부르기도 한다. 우리가 프랑스 레스토랑을 얘기할 때 다른 나라의 음식점보다 고급스럽다고 느끼는 이유 중 하나가 요리사들이 귀족의 집에서 일할 때 사용하던 식기나 도구, 인테리어를 그대로 유지하거나 비슷한 분위기를 만들면서 생긴 것이기도 하다.

영화에서 망스롱 셰프는 이제부터 요리를 '캉캉 드레스'처럼 차리겠다고 말한다. 한번에 모든 음식을 내는 뷔페 형태가 아니라 전채-메인-치즈-디저트 순으로 하나씩 나오는 코스요리로 낸다는 것이다. '원래 코스요리는 프랑스에서 시작된 거 아니었어?' 하실 분도 있겠지만 코스요리의 시작은 러시아다. 추운 날씨에 음식이 한번에 제공되면 식어버릴까 봐 따뜻한 상태로 하나씩 제공된 데서 유래됐다. 당시 러시아에 파견되어 있던 프랑스의 전설적인 스타 셰프 앙투앙 카렘이 이 문화를 들여와서 프랑스에 전했다고 알려진다.

영화의 마지막, 망스롱이 서민들을 위한 내놓은 첫 메뉴는 바로 귀족들에게 푸대접 받았던 요리 '딜리셔스'다. 영화 속 딜리서

스는 과연 어떤 맛일까? 일단 셰프 스스로가 '딜리셔스'라는 이름을 붙인 걸 보니 자신감 넘치게 맛있는 건 당연할 테고, 파이 안에 얇게 슬라이스한 감자와 트러플이 켜켜이 들어가서 바삭하면서도 담백한 맛에, 트러플의 향은 아주 진할 것 같다.

주교가 그토록 무시했던 트러플과 감자가 들어간 이 파이를 귀족과 서민들이 섞여 앉아서 평등하게 식사하는 장면은 매우 인상적이다. 영화는 요리사 망스롱의 이야기를 통해 프랑스 레스토랑의 역사가 어떻게 시작이 됐는지와 프랑스의 식문화가 귀족의 음식에서 서민의 음식으로 내려오는 과정을 보여준다. 영화의 마지막 "며칠 후, 바스티유가 함락되었다."는 자막이 알려주듯 프랑스 음식의 역사는 프랑스 혁명이라는 격동의 시기에 큰 변화를 겪었다.

파란달의 시네마 레시피

트러플 감자 파이

영화 속 음식인 '딜리셔스'에는 트러플이 가득 들어간다. 이렇게 따라 만드는 건 쉽지 않아서 집에서 만들기 좋은 키쉬 스타일로 만들었다. 파트 브리제(파이지)를 만드는 게 어렵다면 시중에 판매되는 냉동 페이스트리 생지를 구입해서 사용해도 된다. 트러플 오일은 구하기 어렵다면 넣지 않아도 된다. 대신 감자파이가 되겠지만, 그것만으로도 충분히 맛있다!

 재료

도구

20cm 파이틀 혹은 5cm 미니 파이틀 6개

파트 브리제

강력분 75g, 박력분 75g, 소금 2g, 설탕 5g 차가운 물 50g, 버터 95g

아파레이유

감자 2개, 양파 1/2개, 양송이 버섯 5~6개, 올리브 오일과 버터 1Ts, 달걀 1개, 노른자 1개, 생크림 3/4컵, 우유 1/4컵, 소금 1g, 넛맥, 트러플 오일 4~5방울(취향에 따라 가감), 넛맥, 파슬리, 파마산 치즈가루 약간(옵션)

 만들기

파트 브리제

1 강력분, 박력분, 소금, 설탕을 체쳐서 준비한다.
2 ①에 차가운 버터를 넣고 스크래퍼나 손끝을 이용해 소보로가 되도록 섞는다(손으로 섞을 때는 버터가 녹지 않도록 주의한다).

3 ②에 차가운 물을 넣고 가볍게 치대서 둥글납작하게 펴낸 뒤 비닐에
넣어 냉장실에 3~4시간 넣어둔다.

아파레이유

1 감자는 껍질을 까서 반달 모양으로 얇게 썬 뒤, 물에 한 번 데쳐 물기를
빼서 준비한다.

2 팬에 올리브유와 버터를 두르고, 채썬 양파와 채썬 양송이 버섯을 넣
어 볶아서 준비한다.

3 볼에 달걀, 노른자, 생크림, 우유, 소금, 넛맥(옵션)을 넣어 섞는다.

4 ③의 볼에 ①의 감자와 ②의 볶은 재료와 트러플 오일을 넣어 섞는다.

트러플 감자 파이

1 휴지시킨 반죽을 꺼내서 밀대를 이용해 틀 사이즈에 맞게 민다.

2 밀어놓은 반죽을 틀에 밀착시킨 뒤, 바닥에 포크로 구멍을 낸다.

3 반죽 위에 호일을 깔고 누름돌이나 쌀을 넣은 뒤 170℃에서 15분 가량
굽는다(중간에 꺼내서 누름돌과 호일을 제거하고 다시 10~15분 가량 굽는다).

4 여기에 준비한 아파레이유 재료들을 붓고 180도에서 20분간 굽다가
파마산 치즈가루와 파슬리를 얹어서 10분가량 더 굽는다.

찐빵

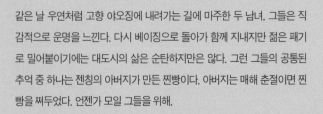

같은 날 우연처럼 고향 야오징에 내려가는 길에 마주한 두 남녀, 그들은 직 감적으로 운명을 느낀다. 다시 베이징으로 돌아가 함께 지내지만 젊은 패기 로 밀어붙이기에는 대도시의 삶은 순탄하지만은 않다. 그런 그들의 공통된 추억 중 하나는 젠칭의 아버지가 만든 찐빵이다. 아버지는 매해 춘절이면 찐 빵을 쪄두었다. 언젠가 모일 그들을 위해.

아버지의 찐빵에는
그리움이 담겼다

나이가 들면 취향이 정교해진다. 취향이 정교해지면 깊이가 생긴다는 장점이 있지만 조금은 편협해진다는 단점이 있다. 영화 취향도 그렇다. 나의 경우엔 좋아하는 영화가 분명해지면서 그 좋아하는 영화들을 더 깊게 보기 시작했다. 내 관심사에서 벗어난 영화는 점차 자발적으로 찾아볼 일이 줄어들었다. 그래서 고백하건대, 우리 라디오팀 작가가 다음 아이템으로 〈먼 훗날 우리〉를 추천했을 때 그다지 궁금하지 않았다. 왜냐면 너무 뻔한 사랑 이야기 같았기 때문이다. '가난했지만 사랑했고, 그 시절 우린 젊었지만 결국 헤어졌다'로 요약되는 이야기 아닌가? 이렇게 영화도 보기 전에 단정하여 줄거리를 요약해버리는 이유는 어쩌면 외면하고 싶은 마음 때문일지도 모르겠다. 이런 이유로

연인이 헤어지는 것이 싫고 아프다고 은연중에 생각했던 것은 아닐까? 헤어지는 모든 연인에게 이유란 핑계에 불과하다고 생각하면서 말이다. 정말 그 핑계의 이유가 사실이라면 그건 용기가 없기 때문이라고 여전히 나는 그렇게 생각한다. 그래서 이 영화를 볼 때는 영화 속에 어떤 요리가 나오는지 보기 위해, 그야말로 일로 보기 시작했다. 그러나 이내 영화에 몰입되어 펑펑 울고 말았다. 이러한 이야기가 주는 힘이 세다는 걸 잠시 잊고 있던 것이다.

영화 〈먼 훗날 우리〉는 폭설로 인해 기차가 멈춰버린 2007년의 과거와 폭설로 인해 비행기가 뜨지 못하는 2018년의 현재가 교차한다. 연출상 특징이라면 2007년의 과거는 컬러의 화면으로, 현재인 2018년은 흑백의 화면으로 펼쳐진다는 것이다. 일반적으로 영화 연출시 흑백 화면은 회상 장면에서 사용되는 것과 반대되는 설정이다.

2007년, 여자 주인공 샤오샤오_{주동우} 분은 고향인 야오징으로 내려가는 기차에서 우연히 잃어버린 티켓을 찾아 준 남자 주인공 젠칭_{정백연} 분과 친구가 된다. 두 사람은 모두 베이징에서 생활하고 있지만 춘절을 맞아 고향인 야오징으로 내려가는 길이다. 젠칭은 어릴 때 어머니를 여의고 아버지와 살고 있고, 샤오샤오는 아버지가 돌아가신 뒤 어머니도 재혼한 터라 고향에 아는 사람이 없다. 하지만 아버지 영정 사진이라도 보고 싶은 마음에 고향에 내려온다.

서로를 첫눈에 알아본 두 사람은 곧 가까워지고 베이징으로 돌아와 함께 지내기 시작한다. 그러나 대도시인 베이징에 가진 것 없이 올라온 그들의 삶이 순탄할 리 없다. "우린 아직 젊고, 이렇게 똑똑하잖아. 지금은 가난해도 꼭 성공할거야"라고 말하는 젠칭. 하지만 그들의 다짐은 번번이 무너지면서 각자 나름의 위기를 겪는다. 베이징에서 꼭 취직해 성공하고 싶은 젠칭은 하는 일마다 난관에 부딪히며 설상가상 복제 CD를 불법으로 판매하여 구속된다. 한편 베이징에서 돈 많은 남자를 만나서 결혼하고 싶은 샤오샤오는 남자를 보는 눈이 없어서 매번 실패한다. 서로를 향한 두 사람의 마음은 뜨겁지만 그렇게 매번 엇갈린다. 그런 두 사람에게 의지가 되는 건 고향에 있는 젠칭의 아버지다.

아버지의 찐빵을 나눠 먹으며 서로의 온기도 나눴다

아버지가 운영하는 식당은 늘 사람들이 모이는 장소다. 젠칭이 아버지에게 여자친구가 된 샤오샤오를 처음 소개하려고 온 춘절, 따뜻한 세피안 톤의 주방에는 찐빵을 찌는 김이 모락모락 피어오르고 큰 냄비 안에서는 탕이 보글보글 끓고 있다. 고향에 내려온 아들인 젠칭은 춘절에 왜 똑같은 음식만 하냐고 투덜대면서도 아버지의 찐빵을 맛있게 먹는다. 크고 둥근 원형 식탁 주변으로 춘절을 맞아 고향에 온 친척들이 모이고 서로의 안부를 수다스럽고 다정하게 나눈다.

아버지가 만드는 찐빵에는 가족에 대한 그리움이 담겼다. 가족들은 모여서 함께 찐빵을 나눠 먹으며 그들의 가족애를 확인한다. 하지만 이 주방의 풍경은 시간이 지나면서 변화한다. 하나둘 고향에 내려오는 사람들이 줄어들고 젠칭의 상황이 어렵게 되면서 샤오샤오가 혼자 내려왔을 때 이 식탁에 모이는 사람들의 숫자는 처음과는 확연히 달라져 있다. 결국 식탁에 노쇠한 아버지가 홀로 남게 됐을 때, 아버지가 만든 찐빵을 먹는 사람은 아무도 없다. 결국 식탁에 홀로 남은 아버지가 식사를 하지 않는 장면은 인물의 관계 단절과 이별을 의미한다. 그리고 시간이 흘러서 그 찐빵은 젠칭이 자신의 아들을 위해 만드는 장면으로 짧게 다시 등장한다. 아버지의 사랑은 그렇게 이어진다.

난 이 영화에서 젠칭의 아버지가 돌아가신 뒤 유품에서 샤오샤오에게 부치지 못한 편지 한 통을 발견했을 때 많이 울었다. 그 편지는 늘 자식들이 어떻게 지내는지 궁금해하는 아버지의 마음으로 시작한다. 편지 속 아버지는 춘절을 앞두고 방금 찐빵을 두 통 쪄놓고 젠칭과 샤오샤오를 기다리고 있다. 하지만 아버지는 예감한다. 두 사람의 사이가 예전과 같지 않음을, 이젠 아들 젠칭에게 샤오샤오의 안부를 묻기가 어려울 것임을 말이다. 그래서 샤오샤오에게 말한다. 인연이란 게 끝까지 잘되면 좋겠지만 서로를 실망시키지 않는 게 쉽지 않다고, 아마 먼 훗날 시간이 흐른 뒤에 알게 될 것이라고 말이다. 그리고 그들은 그렇게 헤어진다.

2018년, 폭설로 인해 이들은 재회한다. 그 사이 젠칭은 결혼해서 어린 아들을 두고 있고 샤오샤오는 여전히 혼자다. 우연히 다시 만나게 된 이들은 서로에게 묻는다. 그때 우린 왜 헤어졌을까? '만약 그때 네가 안 떠났더라면, 그때 네가 용기를 내어 지하철에 올라탔더라면, 만약 그때 돈이 많아서 큰 소파가 있는 집에 살았더라면' 그들은 '우리가 그때 그랬더라면…'이라는 수많은 가정 앞에 과거의 일들을 묻지만, 역사에 '만약'이라는 가정이 없듯이 인간의 인생이라는 역사에도 만약이란 존재하지 않는다. 그런 질문을 하는 순간 우리는 그 과거의 시간에서 영영 떠날 수 없을 것이다.

다시 현재의 일상으로 돌아온 젠칭이 차를 몰고 가다가 잠깐 횡단보도의 신호에 걸렸을 때, 마치 환영처럼 젊은 시절의 샤오샤오가 그의 앞을 지나간다. 그 순간 흑백이었던 화면은 총천연색으로 환하게 변한다. 이 영화가 현재의 삶은 흑백으로, 과거의 삶은 컬러로 그려지는 이유다. 이제 다시 젠칭과 샤오샤오는 서로가 없는 무채색의 세상에서 살겠지만 가끔 서로를 떠올릴 때 세상은 원래의 색을 찾고 짧게 빛날 것이다.

'이언은 영원히 켈리를 사랑해.' 이 뻔한 설정과 클리셰 범벅인 이야기에 난 다시 또 눈물을 쏟는다. 한때는 이언이었고 한때는 켈리였던, 모든 가능성으로 가득했지만 그때는 미처 알지 못했던 시절을 떠올리며. 그래서 어쩌면 우리는 이런 노랫말로 사랑을 떠나온 스스로를 위로하는지도 모르겠다. 너무 아픈 사랑은 사랑이 아니었다고.

파란달의 미식 인문학

춘절의 찐빵, 만터우

젠칭의 아버지가 춘절에 가족들을 위해 만드는 만터우는 중국의 대표적인 음식이다.

　중국의 대표적인 만두는 소를 넣는 자오쯔와 쪄서 부풀어 오른 만터우로 크게 나뉜다. 원래 중국에서의 만터우란 속을 넣지 않고 만들어 주식으로 먹는 것을 말하고, 단팥소 또는 고기소를 넣어 만든 것은 바오쯔라 하여 간식 또는 간단한 식사 대용으로 먹는다. 춘절에 만터우를 먹는 건 만터우의 둥근 모양처럼 하는 일이 원만하게 이루어지길 바라는 기원이 담겨 있다.

　나처럼 만두를 사랑하는 마음이 차고 넘치는 분들에게는 〈만두:한중일 만두와 교자의 문화사〉(박정배, 2021, 따비)를 권한다.

연애 빠진 로맨스

평양냉면

자신의 소설을 쓰는 꿈이 있던 우리, 자신만의 팟캐스트를 준비 중이던 자영은 데이
팅 어플을 통해 알게 된다. 그리고 첫 만남에서 평양냉면을 먹으러 간다. 국물을 시
원하게 들이키는 자영이 이내 시킨 것은 소주! 젓가락으로 면을 휘저으며 선뜻 먹지
못하는 우리와 대비되는 모습이다. 이렇게 호불호가 갈리는 평양냉면. 도대체 어떤
음식이길래?

맛을 좀 안다면
괜찮을지도

명절 연휴에 꼭 나오는 기사가 있다. 바로 올해 명절에 인천공항을 빠져나간 인파가 역대 최고라는 것. 적어도 코로나 팬데믹 이전까지 이 수치는 매년 갱신됐다. 난 제사가 집안의 큰 행사인 종갓집에서 자란 터라 명절에 어딜 간다는 건 상상도 해 본 적이 없는 일이었다. 그렇기에 명절에 이른바 차례를 땡땡이 치고 해외에 놀러간다는 건 정말 로망이나 다름없었다. 어릴 땐 해외는 고사하고 명절 당일에 어디 놀러가는 사람들마저 부러워서 내가 커서 독립하면 난 절대 제사를 지내지 않겠다고 다짐했지만, 안타깝게도 이런 건 혼자 다짐한다고 될 일은 아니었다.

영화 〈연애 빠진 로맨스〉는 명절 연휴에 데이팅 어플로 만난 청춘남녀의 이야기로 시작된다. 이 자유로운 청춘의 주인공은 스물아홉의 자영전종서 분과 서른 셋의 우리손석구 분다. 자영은 남들이 보기에 번듯한 회사에 들어갔지만 개인사로 퇴사해서 현재는 자신만의 팟캐스트를 준비 중이고, 우리는 문창과를 나와서 자신의 소설을 쓰는 작가가 꿈이었지만 지금은 잡지사에서 19금 칼럼을 맡는 처지다. 데이팅 어플을 사용하게 된 데는 각자의 이유가 있다. 자영은 연애에는 신물이 났지만 외로운 건 더 싫은 데다가 몸이 뜨거운 나이라 결국 데이팅 어플을 클릭했고, 우리는 같은 직장 상사와의 사이에서 헛물만 켜다가 편집장의 압박에 19금 칼럼 취재차 데이팅 어플에 가입하게 된다.

어쨌든 이들은 마음보다 몸이 먼저 맞아서 연애만 빼고 나머지는 다 하는 사이가 된다. 문제는 이들의 관계가 깊어질수록 우리가 쓰는 19금 칼럼의 인기가 나날이 높아간다는 것이다. 이 타이밍에서 하정우와 공효진 주연의 영화 〈러브 픽션〉이 떠올랐는데, 두 영화 모두 여자 몰래 자신들의 연애를 어딘가에 실시간 연재한다는 점에서는 좀 치사하다. 두 남자 모두 통렬한 반성을 하고 용서를 구한 뒤 그녀의 마음을 얻지만 여전히 이런 남자들은 좀 별로이긴 하다.

두 사람이 데이팅 어플로 만난 첫날, 이들이 함께하는 첫 식사는 평양냉면이다. 이유는 한 해를 건강하게 시작하는 기분이 든다는 자영 때문이다. 평양냉면을 먹다가 "이모, 여기에 소주 한 병이요!" 외친 뒤 명절에 음식 남기면 벌 받는다며 옆 테이블이 남긴 편육까

지 슬쩍 끌어서 평양냉면 국물에 소주 한 잔 들이키는 그녀를 보고
있으면 이 맛을 아는 사람으로서 정말 참기 힘들어진다. 난 소주를
즐기진 않지만, 평양냉면과 삼겹살 앞에서는 유독 소주가 당긴다.
내가 처음 평양냉면을 먹었던 때는 기억나지 않지만, 가만히 생각해보면 평양냉면이 맛있다고 느꼈던 순간은 떠오른다. 바로 장충동에 있는 경동교회 맞은편 평양면옥에서다. 이곳을 유난히 좋아하는 지인의 손에 끌려가게 됐는데, 사실 이때까지만 해도 뭐가 그리 맛있나 생각했다. 하지만 이곳을 드나들면서 난 차츰 그 슴슴하다(심심하다)는 맛이 무엇인지 알게 됐다. 특유의 메밀향과 육향도 좋아하게 됐다. 이후 나의 평양냉면 사랑은 시작됐는데, 동치미 국물을 넣지 않고 고기 국물만으로 맛을 진하게 낸 우래옥을 비롯해 친한 교수님이 먹어본 평양냉면 중 최고라는 말에 의정부까지 따라간 의정부 평양면옥, 고춧가루 솔솔 뿌려주는 감칠맛 도는 필동면옥(여기선 제육을 꼭 주문하시라), 녹두전에 반해서 더 자주 가는 을밀대까지, 나 역시 평양냉면을 자주 즐기고 있다.

"이모, 여기에 소주 한 병이요!" 외치게 되는 맛

평양냉면冷麵은 이름이 말해주듯 겨울철에 차게 먹는 음식이다. 겨울 음식인 이유는 얼음이 귀하던 시절 살얼음이 낀 동치미 국물에 말아 먹기 좋아서이고, 메밀의 수확 시기인 늦가을부터 겨울에 국수를 해먹는 문화가 발달했기 때문이기도 하다. 겨울에 먹던 냉면을 우리가 여름에 즐길 수 있게 된 건 근대적인 제빙 기술과 겨울에 캐낸 얼음을 여름까지 보관할 수 있는 냉장시설의 탄생이 결정적인 역할을 했다. 요리를 하다 보면 냉장고가 얼마나 인류의 식

생활에 큰 기여를 했는지 느끼게 된다. 2012년 영국 왕립학회는 '식품학 역사에서 가장 중요한 발명은 냉장기술'이라고 밝히기도 했는데, 런던과학박물관 큐레이터인 헬렌 피빗이 쓴 《필요의 탄생》을 읽다보면 냉장고가 인류 역사에 혁신이라고 불릴 만큼 커다란 변화를 가져온 과정에 대해 알 수 있다.

냉장기술이 여름에 먹는 시원한 냉면을 만들었다면, 냉면의 대중화는 아지노모도의 역할의 크다. 아지노모도는 일종의 MSG로 고기 국물의 감칠맛을 쉽게 낼 수 있도록 도와주는 조미료다. 싼값에 육수 맛을 낼 수 있는 데다가 여름철 고기 삶은 물이 상해서 생기는 식중독을 해결할 수 있었기에 큰 인기를 끌었다. 이후 냉면의 전환기에 따라 화학조미료의 사용이 줄어들긴 했지만, 여전히 조미료를 사용하는 관행은 남아 있다. 냉면과 관련된 자료를 찾다가 우연히 조선시대 사진을 보게 됐는데, 배달부가 자전거를 타고 아슬아슬하게 냉면을 싣고 달리는 장면이 눈길을 끌었다. 당시 냉면 배달부는 꽤 입김이 세서 조합이 존재했고, 처우 개선을 위한 파업을 했다는 게 신문에 날 정도였다니 흥미롭다.

평양냉면과 관련해서 '선주후면先酒後麵'이라는 말이 자주 눈에 띈다. 당시 평양에서 조선 3대 명주라 불리는 '감홍로'라는 술이 인기였는데, 고기 안주로 감홍로를 마신 후 취하면 냉면을 먹고 속을 풀었다고 해서 '선주후면'이라는 말이 생겼다고 한다. 평양냉면이

해장의 역할을 했다는 건데, 이쯤 되면 영화 속 자영이 평양냉면에 소주를 곁들인 건 정확한 고증이라고 할 수 있으며, 자영이 맛 좀 안다는 뜻이다.

이 영화는 15세 관람가인데, 영화를 본 사람들은 29세 관람가여야 하는 거 아니냐고 할 만큼 어른들의 현실연애를 다뤘다. 자영은 "여기 안 외로운 사람 있어?"라고 묻고 우리는 "인생 피곤하게 사는 방법 알려줄까? 연애하면 돼!"라고 말한다. 원래 혼자는 외롭고 둘은 피곤한 법이다. 결말은 다소 아쉽지만 이 영화의 진짜 매력은 통통 튀는 캐릭터와 티키타카 이어지는 말맛 사는 대사에 있다. 앞으로 연애극의 장인이 될 것 같은 정가영 감독, 그녀의 초기 단편 〈허의 미래〉도 재밌게 봤는데, 다음에도 부디 정가영식 로맨스를 써주시길 바라며!

여전히 내가 누리지 못하는 명절 연휴에 재회한 이들, 앞으로 그들의 남은 인생의 명절 연휴도 둘이 함께 할 수 있길.

마지막으로 영화 속 자영이 우리와 서로를 알아가기 위해 대화를 나누던 대사 톤으로 이 글을 읽고 있는 당신에게 묻고 싶다. "넌 평양냉면 좋아해? 매우 그렇다. 그렇다. 보통. 아니다. 매우 아니다. 어느 쪽이야?"

평양냉면

한때 어르신들의 음식이었지만 이젠 MZ의 음식이라고까지 불리게 된 평양냉면, 평냉 부심이라는 말이 있을 정도로 마니아들도 늘고 있다. 최근에는 국수를 뜻하는 '면'과 설명을 뜻하는 '익스플레인explain'을 합친 '면스플레인'이라는 말도 생겼는데, 평양냉면 좀 먹어봤다 하는 사람들이 평양냉면에 대해 이야기하길 좋아하는 현상을 일컫는 말이다.

영화 속 우리가 "비싸기도 되게 비싸."라고 말한 것처럼 평양냉면을 둘러싼 논란 중에는 가격 논란이 있다. 잘 모르는 사람들 입장에서는 '국물에 면을 말아먹는 음식이 뭐 그리 비싸?' 생각하기 쉽지만, 실제로 만드는 입장에서 평양냉면은 생각보다 단가가 높은 음식이라는 얘기를 많이 한다. 첫 번째 이유는 메밀 가격의 상승인데 예전에는 흔하던 메밀이 이젠 심는 곳이 줄어들어서 국산 메밀이 귀해졌고 수입산 역시 밀가루와 비교했을 때 싸지 않다는 것이다.

두 번째 이유는 육수인데, 평양냉면은 육향이 중요한 만큼 일반적으로 생각하는 것보다 육수를 만들 때 들어가는 고기의 양이 많고 끓이는 시간도 길다. 게다가 차갑게 먹는 냉면의 특성상 국물에 기름이나 부산물이 뜨지 않도록 식히고 걸러내는 과정을 몇 차례 반복해야 하는 수고도 든다. 재료비에 인건비에 이래저래 가격은 올라갈 수밖에 없다. 그래도 자꾸만 가격이 올라가는 건 아쉬운 일. 그저 평양냉면이 소주에 어울리는 음식의 가격대에서 머물러주길 바랄 뿐이다.

섹스 앤 더 시티

코스모폴리탄

칵테일 '코스모폴리탄'은 바라만 보는 것만으로도 충분히 매혹적이다. 주인공 캐리가 좋아하는 것이기도 하다. 이런 그녀의 취향이 연애에서도 드러나는 것 같다. 성실한 에이든을 결혼 직전에 떠나보내고 책임감 없는 나쁜 남자 빅과의 로맨스를 쫓는다. 주변에서는 '도대체 이유가 뭐야?'라는 반응이지만, 캐리는 오늘도 밤이 화려한 뉴욕에서 홀짝홀짝 코스모폴리탄을 마신다.

달콤하고, 예뻐서 홀짝
마셨더니, 취해버렸어

"빅 말고, 있잖아요. 가구 디자이너…,
이름이 뭐였더라. 아, 에이든!"

SBS 라디오 파워FM 〈박선영의 씨네타운〉에서 영화 〈섹스 앤 더
시티〉의 영화 속 음식에 대해 말하던 참이었다. 내가 맡은 코너는
'씨네맛 천국'이라는 코너로 영화에 등장한 음식들을 얘기하는 코
너였다. 아마 〈섹스 앤 더 시티〉를 본 관객이라면 알겠지만, 여주
인공 캐리는 그 착하고 성실하고 매너 좋은 에이든을 떠나보내고,
나쁜 남자인 빅을 선택했다. 빅이 누구냐고? 처음엔 캐리를 만났
을 때 캐리보다 한참 많은 나이를 속이는 걸로 시작해서, 결국 캐
리와 사귀던 중간에 혼자 가게 된 파리 출장에서 만난 스물다섯 살

의 여자와 눈이 맞아 결혼까지 한 남자다. 이 나쁜 남자와 캐리의 인연은 질기고 질겨서 빅은 이혼을 하고 두 사람은 다시 만나서 결혼까지 결심하게 되는데, 심지어 빅은 캐리와의 결혼 당일 결혼이 무섭다며 도망친다. "아니, 왜? 빅은 첫 결혼도 아니고 두 번이나 해봤는데?" 나의 이런 질문에, 함께 있던 제작진의 "빅은 이미 결혼을 두 번이나 해 봤기 때문에 도망갔을 것"이라는 현실적인 의견도 있었다. 결국 캐리는 빅을 선택하게 되고, 영화에서 두 사람은 무사히 결혼에 골인하게 된다.

그런데 왜 여자들은 나쁜 남자한테 끌리는 걸까요?

〈섹스 앤 더 시티〉는 싱글 여성들의 일과 사랑을 그려내며 전 세계적으로 큰 사랑을 받은 HBO의 로맨틱 코미디 드라마다. 1997년 출판된 캔디스 부시넬의 동명의 책을 각색한 것인데 1998년부터 2004년까지 방송되며 전 세계적으로 히트를 쳤다. 이후 두 편의 영화로도 제작이 됐는데 드라마의 인기에는 미치지 못했다. 이 드라마의 재미는 각기 다른 네 명의 캐릭터를 보는 데 있다. 낭만적인 성향의 칼럼니스트 캐리사라 제시카 파커 분, 갤러리 큐레이터로 보수적이면서 가정적인 샬롯크리스틴 데이비스 분, 능력 있는 변호사이자 이성적인 성격의 미란다신시아 닉슨 분, 홍보회사를 운영하는 사업가로 화려하고 자유로운 성향의 사만다킴 캐트럴 분, 친구지만 서로 다른 개성을 지닌 네 여자들은 같은 사건을 두고도 언제나 제각각 다른 반응을 보인다. 난 이 드라마가 방송될 때 친구들과 어떤 캐릭터가 나랑 잘 맞는지 얘기를 나누기도 했다. 그렇다고 이 드라마가 인기만큼 찬사만 받은 건 아니다. 실제 뉴요커의 삶을 담고 있지 않으며 사치스럽고 현실성이 떨어진다는 것이다. 그러나 이런 비난의 시선과는 별개로 〈섹스 앤 더 시티〉는 뉴욕에 대한 환상, 배우들의 의상과 패션, 브런치와 컵케이크까지 많은 유행을 남겼다.

그건 마치 매혹적인 칵테일에 끌리는 것과 같지 않을까?

영화 속 네 여자가 여유 있게 브런치를 즐기는 풍경 역시 전 세계 많은 이들에게 선망이 되기도 했다. 우리나라에 브런치 카페가 인기를 끌기 시작한 것도 그 즈음이다. 내가 《파란달의 카페 브런치》라는 브런치 요리책을 낸 게 2009년인데, 당시만 해도 브런치라는 뜻을 잘 모르는 분들이 있어서 서문에 브런치brunch는 브렉퍼스트breakfast와 런치lunch의 혼성어라는 설명을 쓸 정도였다. 지금은 미국식 브런치 문화가 너무 흔해졌지만, 홀랜다이즈 소스의 에그 베네딕트와 폭신한 프렌치 토스트, 블루베리 팬케이크를 즐기기 시작한 게 그리 오래된 일은 아니다.

라디오 방송이 끝난 뒤, 우린 그 자리에 앉아 잠시 수다를 이어갔다. "그런데 왜 여자들은 나쁜 남자한테 끌리는 걸까요?" 빅을 선

택한 캐리를 두고 나온 이야기다. "모성애 아닐까요?" 난 말했다. 내 주변의 여자들 중 나쁜 남자에게서 벗어나지 못하는 이들은 '그가 불쌍해서' 혹은 '그를 이해할 수 있는 건 나뿐이기에' 헤어질 수 없다는 반응을 보였기 때문이다. 그런데 누군가 의외의 반응을 보였다. "글쎄요. 모성애보다는 그건 '나르시시즘' 같아요. 그 남자는 내가 아니면 안 된다는 나르시시즘." 어째 그 말이 맞는 것도 같았다.

레이디 킬러, 코스모폴리탄

며칠 뒤, 난 후배를 만나러 스누피를 닮은 강아지, 베들링턴 테리어가 있는 해방촌 신흥시장의 한 바에 들렀다. 곧 결혼 예정인 후배는 오랫동안 사귄 남자친구와의 결혼을 앞두고 있었는데, 아직도 이 남자와의 결혼에 확신이 없어서 친구들에게 묻고 또 묻는 중이다. 사실 이쯤 되면 그녀가 원하는 답은 정해져 있을 것이다. 내가 해줄 수 있는 조언도 그녀의 친구들과 비슷할 것이고, 그녀를 기다리며 어떤 칵테일을 주문할까 하다가, 얼마 전 라디오 방송에서 '코스모폴리탄'을 소개한 게 생각나서 주문했다.

코스모폴리탄은 영화의 마지막에 네 여자가 축배를 두는 장면에 나오는 술로, 주인공인 캐리가 좋아하는 칵테일로 등장해 유명세를 탄 칵테일이다. 상큼하면서 달고 향긋한 맛이 매력적이라 홀짝 홀짝 마시게 되는데 20도가 넘는 높은 도수로 '레이디 킬러'라는 별명이 붙은 칵테일이기도 하다. 별 생각 없이 마시다보면 순식간에 정신을 잃을 수 있는 술이란 얘기다. 난 달콤한 코스모폴리탄을 홀짝홀짝 마시며, 늦게 온 후배의 이야기를 듣다가 라디오 방송 이야기를 들려줬다. "넌 빅이야, 에이든이야?" 잠시 망설이던 후배는 대답했다. "전 빅이요." 그래, 그렇겠지. 왜 아니겠니.

난 어떤 사랑이 모성애인지 나르시시즘인지, 혹은 진정한 사랑인지 잘 모르겠다. 그걸 누가 알 수 있을까. 오늘의 내가 그녀를 위해 할 수 있는 건 그녀의 이야기를 들어주고, 맛있는 술을 사주는 것 뿐. 이날의 코스모폴리탄은 '레이디 킬러'라는 별명답게 우리를 금방 취하게 만들었다.

영화 〈섹스 앤 더 시티〉에서 캐리는 자신의 일을 돕고 있는 비서와 함께 술을 마시며 서로의 연애사를 이야기하며 서로를 위로한다. 그런데 그때 비서에게 전화가 한 통 걸려온다. 지금까지 비서가 캐리에게 실컷 흉을 봤던 남자친구로부터 걸려온 전화다. 캐리의 눈치를 보며 전화를 받던 비서는 결국 캐리에게 미안한 미소를 남긴 채 그에게 달려간다. 사랑하는 남자의 연락을 받고 당장 달려가는 20대의 비서에게 이제 40대가 된 캐리가 말한다. "20대는 즐기고 30대는 지혜로워지고 40대는 술을 사면되는 거지!"

파란달의 미식 인문학

코스모폴리탄

영화 〈섹스 앤 더 시티〉에서 코스모폴리탄은 사만다의 생일을 축하하는
자리에 등장한다. '세계적인'이라는 뜻을 담고 있는 코스모폴리탄은 오래
전부터 사랑받아 온 클래식한 칵테일 중 하나로, 팝의 여왕 마돈나가 즐
겨 마셨던 칵테일이기도 하다. 캐리가 즐겨 마시던 칵테일로 등장해 이
시리즈의 포스터 중에는 캐리가 코스모폴리탄 칵테일 잔 위에 앉아 있는
그림도 있다.

투명하면서도 붉은 선홍빛이 매력적인 이 칵테일의 베이스는 러시안
들이 사랑하는 보드카인데, 여기에 크랜베리 주스와 라임주스, 오렌지 술
인 쿠앵트로나 큐라소를 넣는 게 기본 레시피다. 큐라소curacao는 섬 이
름이기도 한데, 이곳에서 발견된 오렌지 껍질을 건조해 만드는 리큐르라
그렇게 불린다. 한때 우리나라에서는 블루 큐라소 시럽을 이용해서 만든
'블루 레모네이드'가 큰 인기를 끌기도 했다.

영화의 마지막, 네 여자는 코스모폴리탄을 마시면서 '이렇게 맛있는데
왜 끊었지?'라고 묻는다. 세상은 넓고 맛있는 칵테일은 많지만 역시 클래
식은 영원한 법! 잠시 코스모폴리탄을 잊고 있었다면 오랜만에 즐겨보는
건 어떨까.

우리도 사랑일까

카차토레

주인공 마고는 하필 앞집 남자에게 강하게 끌리기 시작한다. 새로운 사람이 마음에 들기 시작했을 때, 남편의 모든 것이 마음이 들지 않기 시작했다. 무탈하게 지나오던 일상에 실금이 가기 시작했다. 하다못해 닭 요리 연구가인 그에게 "매일 닭 요리만을 하냐"며 역정을 낸다. 루틴하게 일상을 보내는 것에서 권태를 느껴버리니, 새로운 사람과의 시간이 더욱더 자극적이기만 하다.

그의 닭 요리가 질린 걸까
아니면, 그가 익숙해진 걸까

난 이 영화를 처음 봤을 때 여자 주인공
인 마고가 잘 이해가 되지 않았다. '도대체 뭐가 문제지? 반복되는
일상이 문제인가? 아니면 새로운 관계에 대한 호기심인가?' 결혼
생활이란 원래 일정 정도의 권태가 따르기 마련이라고 말하기엔
내가 고지식한 사람인 것 같았고, 그렇다고 그녀를 이해한다고 말
하기엔 난 그렇게 너그러운 사람은 아니었다.

마고미셸 윌리엄스 분와 루세스 로건 분는 결혼 5년 차 부부로 평온하고
행복한 일상을 보내고 있다. 다정하고 장난기 많은 남편 루는 오랫
동안 닭 요리를 주제로 책을 쓰고 있고 마고는 프리랜서 작가로 일
하고 있다. 어느 날 마고는 취재 차 떠난 여행에서 대니얼루키 커비 분

이라는 남자를 우연히 만나고 강하게 끌린다. 이대로 헤어졌다면 별 문제가 없었을 텐데 우연히 만난 이 남자가 알고 보니 앞집 남자라는 사실을 알게 되면서 이야기는 달라진다. 공항에서 함께 차를 타고 마고를 집 앞에 내려준 대니얼이 말한다. "어쩌죠? 나 여기 사는데?" 이제 이들의 관계가 다른 국면에 접어들 것이라는 걸 우린 직감할 수 있다. 연애에 관한 아주 정확한 격언, 'Out of sight, out of mind'라는 말처럼 안 보면 마음이라도 멀어질 텐데, 결국 두 사람은 특별한 감정에 휩싸이게 되고 마고는 남편 루와 새로운 연인 대니얼 사이에서 흔들리기 시작한다.

마고의 눈에 새로운 사람이 들어오자 남편과는 별일 아닌데 다투기 시작한다. 이미 대니얼에게 마음이 기울기 시작한 마고는 루의 행동 하나하나가 마음에 들지 않는다. 닭 요리 연구가인 루가 카차토레를 만들면서 "매운 고추를 넣을 건데 맛이 어떨 것 같아?" 묻지만, 마고는 당신은 매일 닭 요리만 한다며 오히려 화를 낸다.

결혼기념일도 즐겁지 않고 남편과는 별로 할 얘기도 없다. 대니얼과 있을 때만 자신이 완전히 채워진 느낌이다. 익숙하고 편한 상대는 지루하고 시시하게 느껴지기 쉽고, 낯선 상대는 뭔가 다른 게 있을 것 같아서 재밌고 놓치기 싫다. 어느 쪽이 더 끌리는지는 명확하다. 결국 다시 한 번 새로운 사랑에 빠진 마고는 대니얼을 향해 달려가 그와 뜨거운 시간을 보낸다.

인생엔 빈틈이 있기 마련이야.

그걸 미친놈처럼 일일이 메워 가면서 살 순 없어.

이 영화의 원 제목은 〈Take This Waltz〉이다. 영화 후반부에 마고와 대니얼이 함께 지내는 1년이라는 시간의 흐름을 빠르게 편집해서 보여줄 때 나오는 레너드 코헨의 노래 제목이기도 하다. 그렇게 시간이 지나고 난 뒤 서로 하나가 된 것 같던 이들은 그래서 행복했을까? 이들 사이에도 설렘이 익숙함으로 바뀌는 순간이 찾아오고 권태는 원래 있던 주인인 양 들이닥친다. 영화의 대사처럼 새 것도 언젠가는 헌 것이 되는 순간이 이들에게도 찾아온다.

영화는 시작부터 알려준다. 마고가 블루베리 머핀을 만들면서 멍하니 오븐 앞에 앉아 있을 때 아웃 포커싱 된 채 흐릿하게 서 있는 남자가 누구인지를. 그는 루일까, 대니얼일까, 아니면 둘 다일까. 마고의 마음을 눈치 챈 루의 누나가 마고에 말한다. "인생엔 빈틈이 있기 마련이야. 그걸 미친놈처럼 일일이 메워 가면서 살 순 없어." 난 이 대사가 오래 남았다. 남들이 보기에 마고는 아무 문제가 없어 보이지만, 아마도 그녀는 그렇지 않았을 것이다. 마음의 빈틈을 견딜 수가 없었을 것이다.

어떤 시절 나도 마고처럼 혼자 길을 걷다가 도로 위로 눈부시게 쏟아지는 햇살에 그냥 울고 싶어지는 순간을 만난 적이 있다. 그

런 순간은 인생의 어느 순간에 느닷없이 찾아온다. 하지만 생각한
다. 인생에 어떤 부족한 부분은 그냥 메우지 않고 살아도 되지 않
을까? 성숙에 관한 여러 정의가 있겠지만 불안을 견딜 수 있는 힘
을 기르는 것도 그중 하나일 것이다.

　오늘 하루를 무던히 살아내고 내 안의 결핍을 의연하게 받아들
이는 것도 연습이 필요하다. 인생의 본질이 완벽함에 있는 것도 아
닐 테고 시간이 흐를수록 우리가 예상했던 것보다 인생의 빈틈은
더 늘어갈 테니까. 그럼에도 불구하고 만약에 그 빈틈 때문에 내

가 불행하다고 느껴진다면 그건 내가 감당해야 할 몫이다. 마고처럼 다른 누군가가 내 삶의 결핍을 채워주길 바란다면 그건 실패할 확률이 높다. 나의 불안을 내가 아닌 다른 사람이 해결해준다는 게 애초에 가능하기나 한 일인가. 만약 그 사람이 떠난다면 그때 나의 불안은 또 어떻게 해결할 것인가. 너무나 당연한 얘기지만, 혼자서 행복하지 못한다면 그 누구와도 행복해질 수 없다.

루의 조카가 갑자기 사라져서 찾느라 두 사람이 다시 재회한 날, 결국 마고는 루에게 다시 돌아갈 수 있는지를 묻고 루는 이제 그럴 수는 없을 것 같다고 대답한다. 마고는 서점의 유리창 밖에서 남편 루가 쓴 책을 바라본다. 그녀는 여전히 삶의 빈틈을 메우지 못했고 그건 스스로 메우지 못했다면 영원히 빈틈으로 남을 것이다. 영화는 한때 대니얼과 함께 탔던 놀이기구를 마고가 혼자 타는 것으로 끝난다.

이 영화는 마고를 중심으로 흘러가지만, 난 이 이야기의 마지막을 마고보다는 그녀의 남편인 루를 위해 쓰고 싶다. 한때 사랑했지만 정확히 이유도 모른 채 혼자 남겨진 채 시간을 보냈어야 할 그를 위해. 떠나서 미안하다고 말하는 마고에게 일부러 그런 것도 아닌데 괜찮다고 대답하는 여전히 다정한 그에게. 아마도 혼자 남겨진 그 시간이 아프고 길게 느껴졌겠지만 그는 자기 자리를 잘 지켜냈고 홀로서기에 성공했다. 이젠 더 이상 상처받지 않고 오래 행복하기를 바란다.

카차토레

루가 쓰고 있던 닭 요리책 《치킨의 맛》은 베스트셀러가 됐다. 마고가 축하인사를 건네자 루는 닭이 그렇게 인기 있는 줄은 몰랐다고 답한다. 생각해보니 내 주변에도 소고기나 돼지고기를 싫어하는 사람은 있어도 닭고기를 싫어하는 사람은 드문 것 같다. 전 세계적으로 널리 사랑받는 식재료인 만큼 조리법도 다양하다.

카차토레cacciatore는 이탈리아어로 '사냥꾼'이라는 뜻인데 수렵이 제한되어 있던 시절 사냥꾼의 아내가 손님들에게 닭을 이용한 요리를 대접한 데서 유래됐다고 알려져 있다. 카차토레도 지역마다 조리법이 달라서 이탈리아 남부에서는 레드와인을 주로 넣지만 이탈리아 북부에서는 화이트와인을 사용하기도 한다. 루가 카차토레를 만들면서 마고에게 "매운 고추를 넣을 건데 맛이 어떨 것 같아?" 물었는데, 나라면 "아주 좋을 것 같아"라고 대답하고 싶다. 난 살짝 매콤한 맛이 도는 걸 좋아해서 페퍼론치노를 3~4개 넣어 만든다. 매운 고추는 취향에 따라 가감하시길!

재료

올리브 오일 3큰술, 닭다리살 500g, 소금 후추 약간, 다진 마늘 1큰술, 양
파 1개, 피망 1개, 당근 1개, 양송이 버섯 5~6개, 블랙 올리브 1/2컵, 타임
(허브) 3~4줄기, 파슬리 약간, 레드와인 2/3컵, 토마토홀 4컵, 토마토 2개,
페퍼론치노 2~3개

만들기

1 한입 크기로 썬 닭다리살은 소금과 후추로 간한 뒤, 프라이팬에 올리브
   오일 2큰술을 두르고 닭고기의 양면이 황금색이 될 때까지 구워서 꺼
   내둔다.

2 프라이팬에 올리브 오일을 1큰술 두르고 채썬 양파가 투명해질 때까
   지 볶다가 다진 마늘, 슬레이스한 피망과 당근, 양송이 버섯을 넣고 함
   께 볶는다.

3 ②에 레드와인을 넣고 볶으면서 2~3분 졸이다가 토마토홀, 한입 크기
   로 썬 토마토, 페퍼론치노를 잘라 넣고 소금과 후추로 간한다.

4 ③에 구워둔 닭다리살을 넣고 잘 저어가며 소스가 졸아들 때까지
   15~20분가량 끓인다.

5 마지막에 블랙 올리브와 타임을 넣고 끓인 뒤 파슬리로 장식하고 접시
   에 담아낸다. 빵에 곁들여도, 밥에 곁들여도 좋다.

위 아 영

아보카도 아몬드
밀크 소르베

삶의 매너리즘에 빠진 40대 부부 앞에 나타난 20대 힙스터 커플 제이미와
다비. 이들은 아날로그 취향을 갖고 있다. 제이미는 LP로 음악을 듣고 다비
는 '유기농 아이스크림'을 만들어 판매하며 대중적 취향을 쫓지 않는 면을 보
인다. 그런 그들의 젊은 활기를 부러워하는 조쉬. 그러다 때 이른 관절염 진
단을 받으며, 나이듦에 대해서 생각하게 된다.

나이듦이 아니라
적당한 때가 되는 것이다

나이가 든다는 것에 대한 기준은 개인마다 다르다. 내 경우에 젊은 시절이 지나가고 있음을 느낀 건 30대 중반부터라고 할 수 있는데, 이때부터 난 '어른이 가져야 할 무엇'에 강박을 느끼기 시작했다. 신해철의 '나에게 쓰는 편지'에서처럼 나의 친구들은 '돈, 큰 집, 빠른 차, 사회적 지위'를 향해 내달리기 시작한 상태였다. 나 역시 조금 늦었지만 내가 '이 나이 되도록' 하지 않았던 게 무엇인지를 되짚어 보기 시작했다. 물론 그동안 하지 않았던 것을 하기 위해 시도했지만 결국 그 시도는 실패로 돌아갔음을 미리 밝혀둔다. 그 나이 되도록 안 했던 데는 다 이유가 다 있는 것이다.

영화 〈위 아 영〉의 주인공은 이제 40대, 중년에 들어선 이들이다. 뉴욕에 거주하는 다큐멘터리 감독 조쉬벤 스틸러 분와 그의 아내 코넬리아나오미 왓츠 분는 딩크족으로 살며 남들이 봤을 땐 큰 걱정 없는 평화로운 삶을 살고 있다. 하지만 이들의 상실감은 자신들이 더이상 젊지 않다는 데 있다. 그러나 자유로운 20대 힙스터 커플 제이미아담 드라이버 분와 다비아만다 사이프리드 분를 만나면서 달라진다.

서로 접점이 없어 보이는 조쉬와 제이미의 첫 만남은 조쉬가 운영하는 교양강좌에 제이미가 나타나면서 시작된다. 조쉬의 팬이라며 그에게 존경을 표현하기 시작한 것이다. 조쉬는 처음에는 당황하지만, 격의 없이 다가와 자신의 작품을 감명 깊게 봤다는 팬이싫을 리 없다. 아니, 이 만남에 살짝 들뜬다. 언제부턴가 재능을 잃고 십 년째 같은 다큐멘터리 작업에 지지부진하게 매달려 있는 40대의 자신 앞에 푸릇푸릇한 20대의 다큐멘터리 감독이 나타나 존경한다는데 누가 마다할까. 샘솟는 아이디어로 활력 넘치는 제이미와 유기농 비건 아이스크림을 만들어 판매하며 히피처럼 지내는 다비는 커플로, 조쉬의 무료한 일상에 새로운 활력소가 된다. 또래 친구들은 일과 육아에 치어 지내며 사회적인 성공에만 집착하는데, 이 젊은 청춘들은 현재에 집중하고 서로에게 자극받고 열정적으로 살아가는 것만 같다. 아내 코넬리아는 처음엔 왜 20대 아이들을 만나냐며 야심이 있어 보이는 제이미를 경계하지만, 가장 친한 친구 커플이 아이를 갖게 되면서 멀어지자 어느새 그녀도 그들과의 시간을 즐기게 된다. 결국 삶의 매너리즘에 젖어 있던 중년 부부는 힙스터 커플이 하는 것이라면 뭐든 따라하고 싶은 마음에 무릎이 상하는 줄도 모르고 힙합을 추고 영적 체험을 하고 롤러브레이드를 타며 20대의 시간으로 돌아가려고 한다.

취향이 꼭 나이를
나타내지 않는다

조깅을 하던 조쉬는 다리가 아파서 병원을 찾는다. 아무래도 근육이 놀란 것 같다고 말하자 의사는 조쉬에게 관절 퇴화로 인한 관절염이라고 대답한다. 조쉬는 믿지 못한다. 관절염이라니! 게다가 의사는 조쉬에게 노안도 온 것 같으니 시력 검사도 받아보라고 말한다. 나도 영화 속 조쉬처럼 책을 볼 때 눈이 침침해지는 신체 변화에 당황하는 것으로 내가 나이 들어가고 있음을 실감했다. 처음엔 그 변화를 믿을 수가 없어서 눈의 피로이거나 혹시 눈에 이상이 생긴 게 아닐까 안과를 찾았다. 그때 의사 선생님은 "요즘 노안은 빠르면 30대부터 오는 경우도 있어요. 적당한 나이에 노안이 시작된 겁니다."라고 대답했다. 적당한 나이라니! 그렇다. 어떤 시기가 되면 상상만 하던 일들을 직접 겪는 나이가 되는 것이다.

하지만 나이 들어서 좋은 점이 전혀 없다고 한다면 다소 억울하다. 나이가 들면서 생긴 장점은 없을까? 일단 내 경우엔 내가 아등바등해 봤자 해결할 수 없는 일들이 있다는 걸 알게 되면서 쉽게 조급해하지 않는 어른의 쿨함 같은 것이 생겼다. 또 신경을 써야 할 일과 신경을 쓰지 않아도 될 일을 구분하게 될 수 있게 돼서 일상의 피로가 덜하다. 내 취향을 내가 정확히 알고 있기에 내가 뭘 해야 행복한지도 알게 됐다. 열정으로 넘치던 나의 20대가 그리울 때도 있지만, 사실 돌아보면 나의 20대는 무척 힘들기도 했다. 아빠의 사업실패는 우리 가족 모두에게 큰 시련이었고, 어느 정도의 불안정은 늘 담보되어야 했다. 그저 시간이 편집해 준 좋은 기억만 더 오래 간직하고 있을 뿐이다.

제이미는 자신이 준비 중인 다큐에 조쉬의 도움을 받고 싶어 한다. 제이미가 준비 중인 다큐는 오래전 친구 찾기 콘셉트로, 페이스북 계정을 만든 뒤에 본인에게 가장 먼저 연락 오는 친구를 실제로 찾아가서 인터뷰하는 내용이다. 조쉬는 터무니없는 아이디어라고 생각한다. 누구한테 연락이 올지, 그 사람에게 드라마틱한 사연이 있을지 없을지 알 수 없는데 무턱대고 그런 내용을 담는 건 무의미하다고 생각하기 때문이다. 그런데 놀랍게도 처음 연락해 온 친구가 자살 시도 후 병원에 있었고 심지어 아프칸 파병까지 다녀 온 경험이 있는 우여곡절을 지닌 인물이었다. 조쉬는 역시 젊은 친구들은 뭘 해도 감이 있다며 놀라워하지만 알고 보니 그건 제이미의 조작된 연출이었음이 드러난다. 이 사실을 알게 된 조쉬는 분노한다. 그러나 이미 제이미는 조쉬의 인맥을 활용하고 있었고 저명한 다큐멘터리 제작자인 코넬리아의 아버지에게까지 접근하고 있었다.

제이미의 행동을 나쁘다고만은 할 수 없을 것이다. 어쩌면 제이미가 처세에 능한 것이고, 좀 더 영리하게 상황 판단을 한 것일 수도 있다. 두 사람은 다큐멘터리의 진정한 의미가 무엇인지에 있어서도 의견차를 보인다. 이들의 다큐멘터리에 대한 '진정성' 논쟁 역시 옳고 그름보다는 의견차로 보아야 할 것이다. 하지만 싸움이 격해지자 조쉬는 제이미에게 넌 아직 어려서 뭘 모른다고 꼰대처럼 말하고, 제이미는 세상이 변하고 있는데 조쉬가 유연하게 대처하지 못하고 융통성이 없다고 공격한다. 문제는 조쉬가 모든 걸 자신의 기준대로 오해한 데 있다. 제이미는 아무것도 하지 않았다. 조쉬가 자신이 돌아가고 싶은 청춘의 이미지를 제이미에게 투영해서 이상화 시켰을 뿐이다. 결국 조쉬는 제이미에게 보기 좋게 당하고 아픈 경험을 한 뒤에야 다시 원래의 자리로 돌아온다.

난 마흔네 살이야. 못 할 일도 있고
못 가질 것들도 있는 나이

난 이 영화에서 20대의 제이미 커플과 40대의 조쉬 커플의 일상
이 교차 편집되는 장면이 흥미로웠다. 20대의 제이미 커플이 LP로
음악을 듣고, 비디오 테이프를 보고, 책장을 넘겨보고 길거리 농구
를 하는 아날로그적인 삶을 사는 동안 40대의 조쉬 커플은 스트리
밍으로 음악을 듣고 애플 티비를 보고 전자책을 읽으며 디지털 삶
을 즐긴다. 언뜻 보면 반대로 되어 있는 것 같은 일상이다. 어릴 땐
빨리 어른이 되고 싶고, 나이가 들면 젊음이 부럽기만 하다.

조쉬는 말한다. "난 마흔네 살이야. 못 할 일도 있고 못 가질 것
들도 있는 나이." 영화에서 그가 도달한 결론이다. 중년에 새로운
도전을 시작해서 근사하게 이뤄내는 사람들도 있지만 대다수에
게는 지금까지의 경험을 바탕으로 자신이 제일 잘할 수 있는 일
에 집중하는 게 좀 더 성공확률을 높이는 전략일 것이다. 나이가
드는 건 누구나 겪게 되는 아주 자연스러운 일이다. 영화 〈은교〉
의 명대사가 있지 않은가. "너희 젊음이 너희 노력으로 얻은 상이
아니듯, 내 늙음도 내 잘못으로 받은 벌이 아니다." 지나간 시절을
너무 애달프게 그리워할 필요는 없다. 그저 그 나이가 주는 혜택
을 찾아서 누리면 된다. 아마 머지않아 미래의 내가 현재의 나를

부러워하는 순간은 다시 찾아올 것이다. 언젠가는 그리워하게 될 현재를 가능한 한 깊게 누리고 사랑하는 게 오늘을 가장 젊게 사는 방법이 아닐까.

아보카도 아몬드 밀크 소르베

영화 속 조쉬가 자신이 제이미에게 속았다는 걸 알게 된 이유는 제이미의 다큐 속에 등장하는 다비가 만든 아이스크림 '아보카도와 아몬드 밀크 소르베' 때문이다. 코넬리아는 이 아이스크림을 먹고 바클라바가 떠오른다고 했는데, 바클라바는 달콤한 페이스트리에 견과류와 꿀이 들어간 디저트다. 그렇다면 다비가 만든 아이스크림은 달콤한 아몬드 맛일 것 같다. 말만 들어도 몸에 좋을 것 같은 아보카도와 아몬드 밀크를 넣고 꿀을 더해서 달콤하고 시원하게 만들어 보자.

재료

아보카도 1개, 아몬드 밀크 200ml, 생크림 200ml, 꿀 4큰술

만들기

1 아보카도는 반으로 잘라 씨를 빼고 껍질을 벗긴 뒤, 과육만 작게 잘라 준비한다.
2 믹서에 아보카도, 아몬드 밀크, 생크림, 꿀을 넣고 곱게 간다.
3 사각용기에 ②를 붓고 냉동실에서 30분가량 얼린다.
4 30분이 지난 뒤 꺼내서 얼기 시작한 테두리 부분을 포크로 긁어 전체적으로 가볍게 섞어준다.
5 이 과정을 3~5회 반복해 완성한다.

앙: 단팥 인생 이야기

도라야키

'팥과 설탕이 친해질 시간을 줘야 한다' 작은 팥 한 알 한 알을 귀한 생명을 여기듯 다루는 도쿠에 할머니의 도라야키는 특별하다. 그리고 그 특별함은 할머니의 정성에서 비롯된다. 시중에 파는 팥소를 사용하던 센타로는 할머니에게서 도라야키 만드는 법을 배운다. 알알이 하나씩은 너무 작아 존재감을 드러내기 쉽지 않지만, 각자가 살아갈 의미를 부여하듯 도쿠에 할머니는 그렇게 팥을 정성스럽게 푹 삶는다.

푹 익힌 팥은
할머니의 인생과 같아

벚꽃이 눈송이처럼 흩날리는 날. 한 할
머니키키 키린 분가 도라야키 가게 앞을 서성인다. 창문에 붙은 아르바
이트 구인광고를 보고 온 것이다. 도라야키 가게의 주인인 센타로
나가세 마가토시 분는 일흔이 넘은 할머니가 아르바이트를 하겠다는 말
에 당황하지만 이내 정중히 거절한다. 하지만 할머니는 포기하지
않는다. 시급을 깎아도 좋다며 자꾸 찾아온다. 그러더니 도라야키
를 하나 사서 맛을 보고 말한다. "도라야키 맛을 보니 빵은 그런대
로 괜찮은데 단팥은 문제가 있네."

도쿠에 할머니키키 키린 분는 50년 동안 단팥을 만들어 온 단팥 장
인! 다시 찾아온 할머니가 제대로 된 단팥을 맛보라며 만들어 온

팥소에 센타로나가세 마사토시 분의 마음은 움직이기 시작한다. 센타로는 그동안 시중에서 파는 업소용 팥소를 사용하고 있었는데, 할머니가 만들어 온 팥소는 맛도 냄새도 완전히 다른 맛있는 단팥이었기 때문이다. 할머니의 실력을 믿게 된 센타로는 할머니를 정식 알바로 고용한다.

도쿠에 할머니가 만든 팥소가 얼마나 맛있기에 센타로가 단번에 반한 걸까? 우선 단팥을 불리기 전에 상태가 안 좋은 건 골라내고 넉넉하게 물을 부어 하룻밤 불린다. 잘 불어나면 씻어서 냄비에 넣고 다시 넉넉한 물을 부은 뒤 끓여서 찬물로 한 번 헹궈낸다. 이렇게 하지 않으면 단팥에서 떫은맛이 나기 쉽고 배탈이 날 수도 있기 때문이다. 깨끗하게 헹군 팥을 다시 냄비에 넣고 물을 부은 뒤 푹 끓인다. 얼마나 끓이면 되냐고? 도쿠에 할머니가 깜박 잠이 들 정도의 시간이면 된다. 아마 달라진 김의 냄새가 잠을 깨울 것이다.

그리고 팥이 푹 익었다면 이제 불을 끄고 뚜껑을 덮은 채로 뜸을 들여야 한다. 뜸이 다 든 뒤 익은 팥들은 으깨지기 쉬우니까 물을 약하게 해서 살살 흘려가며 떫은 물을 따라내야 한다. 원래 팥이 잠겨 있던 물이 투명해질 때까지 헹궈낸 뒤 냄비에 익힌 팥과 설탕을 넣고 끓이기 시작한다. 아, 이때 갑자기 끓여선 안 된다. 설탕과 팥이 친해질 시간을 줘야 하는 건 필수다. 도쿠에 할머니 표현대로 맞선 같은 거라고 할까? 뒷일은 젊은 남녀팥과 설탕에게 맡기면 된다. 이렇게 2시간 정도 잘 저어가면서 끓이면 맛있고 달콤한 단팥,

팥소가 만들어진다. 완성된 팥소는 넓은 팬에 식혀뒀다가 잘 구운 반죽 사이에 발라주면 된다.

　도라야키 맛을 보니 빵은 그런대로 괜찮은데
　단팥은 문제가 있네

　이렇게 정성들여 만든 도라야키를 누가 마다할까. 할머니의 도라야키는 금방 입소문을 타게 되고 사람들은 가게 앞에 줄을 선다. 가게가 북적이면서 센타로의 표정도 조금씩 밝아진다. 사실 도라야키 가게를 운영하고 있는 센타로에게는 사연이 있다. 술을 좋아하는 그는 술집에서 일하다가 싸움을 말리는 과정에서 한 사람을 다치게 했고 교도소에 복역을 하게 됐다. 그 과정에서 그가 진 빚을 지금의 가게 사장이 대신 갚아줬고, 그 대가로 도라야키 가게에서 일을 하고 있는 것이다. 사연은 누구에게나 있다. 세상에 대해 아무런 관심도 흥미도 없던 센타로는 정성껏 팥을 삶고 도라야키를 만드는 도쿠에 할머니를 보면서 닫혀있던 마음의 문을 조금씩 열기 시작한다.

　잠깐, 도라야키에 대해서 궁금해졌다. 화과자의 일종인 도라야키どら焼き는 달걀, 밀가루, 설탕 등을 섞어 반죽을 만들어서 둥글납작하게 구운 뒤, 가운데 팥소를 넣어 맞붙인 형태의 과자다. 만들

기 쉬워 보이지만 앞에서 살펴본 것처럼 팥소를 만드는 데 일단 정성이 들어가야 하고, 빵 부분을 일정한 모양으로 둥글게 구워내는 데도 숙련이 필요하다. 처음에는 도쿠에 할머니처럼 빵을 태우기도 하고 구멍을 내기도 하며 둥근 모양을 잡기 어려워 실수를 하기도 한다.

도라야키는 모양이 타악기 징(どら)과 닮아서 '도라'야키라는 이름이 붙여졌다는 설이 있다. 아마 일본 애니메이션 〈도라에몽〉을 좋아하는 사람이라면 도라에몽이 좋아하는 과자로 익숙할 것이다. 실제 도라에몽의 작가 후지코 F. 후지오의 고향 도야마 현에서는 경조사 때 도라야키를 주는 풍습이 있다고 한다.

쉬워 보이지만, 쉬워 보이지 않아
도라야키도, 인생도

인기가 높아질수록 사람들의 할머니에 대한 관심도 높아지면서 숨기고 싶었던 비밀이 드러나게 된다. 할머니는 한때 '나병'이라고도 불리던 한센병 환자로 요양원에 강제 격리되어 힘든 시간을 보내야 했다. 마땅히 위로받아야 하는 상황이지만 세상의 반응은 예나 지금이나 여전히 차갑다. 결국 도라야키 가게의 주인은 센타로에게 할머니를 내쫓을 것을 얘기하고 할머니는 조용히 떠나게 된다. 할머니의 말처럼 '인생은 저마다 사정이 있는 법'이지만 세상

사람들은 다른 사람의 사정에 대해 대체로 인색한 편이니까. 줄을 서야 사 먹을 수 있던 도라야키 가게에는 점차 사람의 발길이 줄어들게 되고 가게는 문을 닫을 위기에 처한다.

영화는 시종일관 계절의 흐름을 따라가면서 인물의 감정을 담아낸다. 할머니가 부푼 마음으로 도라야키 가게를 찾아 온 벚꽃 가득한 봄에서, 할머니가 만든 도라야키의 인기에 가게가 생기 넘치던 뜨거운 여름, 할머니를 향한 무성한 소문에 사람들이 하나 둘 떠나는 스산한 가을, 그리고 헤어짐이 기다리고 있는 차가운 겨울까지. 하지만 계절은 순환을 하고 봄은 다시 찾아온다. 그런 자연의 변화 덕분에 우린 매일의 삶을 이어가는 것일 테니까.

다소 감상이 넘칠 수 있는 이 영화가 진정성 있게 다가오는 건 도쿠에 할머니 역을 맡은 키키 키린의 연기 덕분이다. 지금은 세상을 떠났지만 그녀의 연기 덕분에 도쿠에 할머니 삶과 이야기는 더 큰 울림으로 다가온다. 그리고 다시 한 번 떠올리게 된다. '우린 이 세상을 보고 듣기 위해 태어났고, 특별한 무언가가 되지 못해도 우리 각자는 살아갈 의미가 있는 존재들'이라는 것을.

도라야키

도라야키는 빵 반죽도 맛있어야 하지만 포인트는 단팥이다. 도쿠에 할머니가 일러준대로 팥을 끓일 때 너무 센 불에서 오래 끓이면 바닥이 탈 수 있으니 중약불에서 잘 저어가며 끓여야 한다는 걸 기억하자. 아, 그리고 센타로가 알아낸 할머니 팥소의 비밀! 바로 약간의 소금을 넣어야 한다는 것이다. 멀리서 와준 팥들에게 감사하는 마음으로 맛있는 도라야키를 만들어 보자.

 재료

빵 반죽 밀가루 200g, 달걀 2개, 설탕 90g, 물 2/3컵, 베이킹소다 1/2 작은술, 꿀 1 큰술 **단팥소** 팥 2컵, 설탕 1컵, 꿀 1/3컵, 소금 약간

 만들기

빵 반죽하기

1 볼에 달걀, 설탕, 물, 베이킹소다를 넣고 잘 섞는다.

2 밀가루를 넣고 섞다가 꿀을 넣고 섞는다.

3 달군 프라이팬에 식물성 오일을 얇게 바르고, 반죽을 한 국자씩 구워낸다.

단팥소 만들기

1 팥에 찬물을 가득 붓고 끓으면 물은 버리는 과정을 두 번 반복한다.

2 냄비에 다시 팥과 찬물을 붓고 40분가량 푹 끓인다.

3 팥알의 1/3이 터지도록 끓인 뒤, 설탕, 꿀, 소금을 넣고 졸아들도록 끓인다.

4 불을 끄고 뚜껑을 닫은 채로 30분간 뜸을 들인 뒤, 넓은 팬에 식혀서 준비한다.

5 구운 빵 반죽 사이에 단팥소를 발라서 완성한다.

내 이야기

마카롱

영화 〈내 이야기!!〉 속 청춘남녀 세 명의 사랑 이야기가 마치 마카롱 같다. 마카롱은 까다롭다. 작은 디저트이지만 들이는 공은 상당하다. 머랭이 잘 안 만들어지거나, 반죽이 질거나, 반죽을 균일하게 짜지 못해도 마카롱은 완성되지 않는다. 그런데 중요한 것은 완성도보다 '짝'을 찾는 것이 우선이다. 그래야 그 다음에 필링을 채워 넣을 수 있기 때문이다. 과연, 이들은 마카롱의 꼬끄처럼 제대로 된 자신에게 꼭 맞는 짝을 만날 수 있을까.

사랑은 어쩌면 마카롱의
꼬끄를 만드는 일과 같을 수도

CJ 더 키친 쿠킹클래스에 강의를 갔을
때 일이다. 당시 일본영화 〈내 이야기!!〉의 개봉을 앞두고 영화 홍
보의 일환으로 영화 속에 등장하는 '하트 마카롱' 따라 만들기 강의
요청이 들어왔다. 영화는 고등학생으로 믿어지지 않을 만큼 노안
의 고릴라 외모를 지닌(하지만 마음만은 착한) 다케오 스즈키 료에히 분 와
엉뚱하지만 밝고 착한(그리고 얼굴도 예쁜) 여주인공 린코 나가노 메이 분
의 첫사랑 이야기다. 아, 이 기울어진 운동장 같은 이야기! 착하고
예쁜 여자는 착하고 '잘생긴' 남자를 만나게 해달라! 우연한 기회에
여주인공 린코는 다케오의 듬직한 면을 보게 되면서 호감을 느끼
고, 다케오는 이미 린코에게 첫눈에 반한 상황이었지만 그녀가 자
신처럼 우락부락한 남자를 좋아할 리 없다고 생각한다. 오히려 린

코가 자신에게 친절한 건 자신의 단짝 친구이자 여자들의 인기를
독차지하는 '스나카와사카구치 켄타로 분' 때문이라고 생각하면서 둘을
이어주려고 한다.

서로의 마음을 속 시원하게 말하면 좋으련만 감정을 드러내지
못하는 두 사람. 대신 린코는 자신의 마음을 전하기 위해 다양한
음식과 케이크를 만들어서 다케오에게 선물한다. 달콤한 초콜릿
을 채운 소라빵, 초콜릿 스폰지 케이크인 자허 토르테, 폭신폭신
구름같은 쉬폰 케이크까지. 고등학생인 그녀가 어떻게 이걸 다 만
들 수 있을까 싶을 정도인데, 그중 하나가 바로 하트 모양으로 만
든 마카롱이다.

곧 바스라질 것 같은 마카롱
만들기 까다로운 게 마치 우리의 사랑 같다

하트 마카롱이라. 나의 원칙주의자 기질은 쓸데없이 이런데서
발휘가 돼 슬슬 딴죽을 걸고 싶어진다. 마카롱은 손끝으로 살짝 톡
건드리기만 해도 부서질 것 같은 얇은 껍질에 촉촉한 과자 부분인
꼬끄coque와 입안에서 퍼지는 달콤한 필링filling으로 이뤄진 과자
다. 특히 모양이 중요한데 작은 원형으로 위가 살짝 둥글게 균형
이 잡혀 있고 옆에서 봤을 때 프릴 같은 예쁜 주름삐에, pied이 있어
야 한다. 그런데 하트 마카롱이라니, 뭔가 갸우뚱하게 만드는 마카

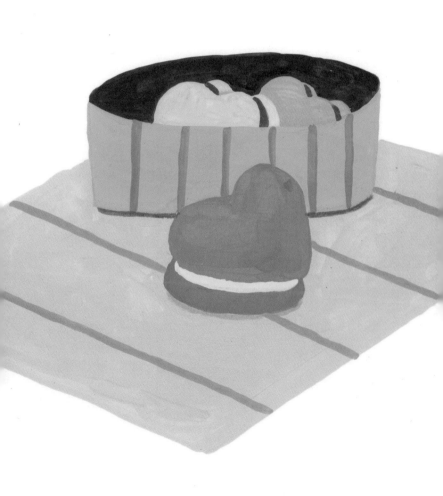

롱이다. 물론 우리나라에는 뚱카롱이라는 것도 있다. 안에 인절미와 머쉬멜로우, 과자 등을 채워 뚱뚱하게 만든 데에서 나온 이름이다. 다른 나라에서는 찾아보기 어려운 형태라 왜 우리나라에선 마카롱이 이렇게 발전했는지 궁금했는데, 나의 이런 마음을 알아채기라도 한 듯 어느 신문에 뚱카롱에 대한 분석 기사가 실렸다. 기자도 나처럼 우리나라의 뚱카롱 문화가 신기했던 모양이다.

그는 여러 인터뷰를 바탕으로 기사를 써내려갔는데 그가 내린 결론은 뚱카롱은 우리나라의 간식 문화에서 기인했다는 것이다. 우리나라는 전통적으로 떡볶이, 호떡, 붕어빵 같이 '든든한' 한 끼 간식이 주를 이루는데, 마카롱은 간식이 되기에는 너무 작고 비싸다는 것이다. 그걸 보충하기 위해 양을 늘려 든든하게 만든 한국적인 마카롱이 탄생했다는 것이 기사의 주된 내용이다. 기자는 뚱카롱을 마카롱의 본 고장인 프랑스에서 온 르 꼬르동 셰프들에게 보여주자 '레볼루션revolution'이라는 대답이 돌아왔다고 했다. 혁명이라니. 그렇다면 이건 프랑스 과자에 딱 어울리는 칭찬 아닌가? 사실 뚱카롱이 마카롱의 본질에서 벗어나긴 했지만 개성 있고 독특한데다가 맛있기도 하지.

마카롱은 만들기 까다로운 음식이다. 마카롱의 과자 부분에 해당하는 꼬끄의 주성분은 아몬드 가루인데 어떤 아몬드 가루를 사용하느냐에 따라 마카롱의 식감이 달라진다. 아몬드 가루만 잘 준비했다고 되는 것도 아니다. 아몬드 가루에 머랭(달걀 흰자를 휘핑해서 단단하게 만든 것)을 넣고 섞어서 반죽의 되기를 맞추는 마카로나주Macaronage 과정이 중요한데 잘못하면 반죽이 너무 되거나 질어져서 망치기 십상이다. 그 다음엔 반죽을 말리는 과정이 기다리고 있다. 팬에 반죽을 짠 뒤, 손에 반죽이 묻어나지 않을 정도로 30분에서 1시간 동안 말려야 하는데 이걸 잘못 맞추면 꼬끄가 매끄럽지 않거나 꼬끄 윗면이 모두 터져 버린다. 이렇게 까다로운 공정을 거쳐야 하니 마카롱의 가격은 비쌀 수밖에 없다.

마카롱도 짝이 있는데, 제 짝은 어디 있는 걸까요?

영화 속 하트 마카롱을 만드는 시간이 됐다. 내가 하트 마카롱 만들기를 시연하는 동안 눈을 동그랗게 뜨고 재밌게 지켜보던 학생들은 직접 만드는 시간이 되자 거대한 혼란에 빠졌다. "선생님, 머랭이 안 돼요!" "앗, 반죽이 너무 질어졌어요!" 여기저기서 학생들이 부르는 소리에 바삐 움직이던 나는 조금 커진 목소리로 말했다. "반죽은 같은 크기로 균일하게 짜세요. 균일하게 짜는 게 힘들다면 크기는 달라도 상관없어요. 가장 중요한 건, 지금 짠 반죽과 똑같은 반죽이 하나는 있어야 된다는 거에요!" 초보자들의 마카롱에선 완성도보다 짝을 찾는 게 먼저다. 크면 큰 것대로 작으면 작은 것대로 똑같은 모양이 하나는 있어야 필링을 넣고 맞붙일 수 있기 때문이다. 그래야 마카롱이 된다. 그 사이 친해진 학생 하나가 구워져 나온 *꼬끄*의 짝을 맞추다가 내게 묻는다. "마카롱도 짝이 있는데, 제 짝은 어디 있는 걸까요?"

영화 속 주인공 린코와 다케오는 그냥 봤을 때는 전혀 맞지 않는 짝이다. 외모도 성격도 취향도 그다지 맞아 보이지 않는다. 하지만 시간이 흐를수록 상대방을 배려하고 이해심 많은 둘은 무척이나 닮은 사람임을 알게 된다. 상대방이 자신의 마음을 몰라줘서 속상한 린코는 말한다. "누군가를 좋아하는 게 마냥 즐겁지만은 않은 것 같아." 하지만 영화 속 다른 누군가는 대답한다. "지금처럼 실컷 괴로워하다 보면 언젠가는 단 한 사람을 찾을 수 있지."

신기하게도 그냥 봤을 때는 모양이 달라 짝이 맞지 않을 것 같은 *꼬끄*도 마주 대보면 크기가 맞는 경우가 있다. 그러니 일단 눈대중으로 안 맞는다고 지레짐작하기보다는 실제로 맞는지 직접 대보는 게 답이다. 짝이 없는 *꼬끄*는 *꼬끄*의 문제가 아니다. 같은 반죽으로 만들었지만 그저 자신과 똑같이 생긴 또 하나의 *꼬끄*가 없을 뿐. 그래서 난 짝이 맞지 않거나 짝을 다 맞추고 하나 남은 *꼬끄*는 따로 모아서 냉동실에 잠시 넣어둔다. 이번에 없더라도 다음번에 구울 때는 같은 모양이 나올 수 있으니까. 당장 찾지 못해도 어딘가에 있을 또 하나의 *꼬끄*를 기다리며.

다양한 마카롱의 종류

파리 여행을 갔을 때 묵었던 에어비앤비의 여주인은 요리를 굉장히 좋아하는 사람이었다. 그녀는 자신의 여동생이 생선 요리를 하는 셰프라며 내가 요리를 한다는 사실에 무척 반가워했다. 내가 르 꼬르동 블루에서 파티세리제과를 전공했다고 하자 그녀는 파리의 마카롱 가게들을 추천하며 어느 가게의 마카롱이 맛있는지 얘기 나눠보자고 했다. 그녀가 강력 추천한 곳은 라뒤레와 피에르 에르메였는데, 우리가 더 맛있다고 선택한 마카롱은 피에르 에르메였지만 마카롱의 역사를 얘기할 때는 라뒤레 Laduree는 빼놓을 수 없는 곳이다. 왜냐면 우리가 흔히 알고 있는 마카롱은 파리지앵 스타일의 마카롱으로 20세기 초 파리의 페이스트리 숍인 라뒤레에서 개발된 것이기 때문이다.

프랑스 전역에는 다양한 형태의 마카롱이 존재한다. 쫄깃하고 단맛은 덜한 프랑스 북부 아미앙Amiens 마카롱, 마카롱에 작은 구멍이 있는 코르메리Cormery 마카롱을 비롯해 마치 샤블레 쿠키처럼 생긴 울퉁불퉁한 표면의 낭시Nancy 마카롱도 있다. 이 중에서 낭시 마카롱이 특히 유명한데, 낭시의 수녀원에서 만들던 레시피가 전해져오는 것으로 알려져 있다. 낭시에 있는 'Maison des Sœurs Macarons' 마카롱 자매의 집이 인기이니 혹시 프랑스 낭시로 여행을 가실 분이 있다면 들러보시길. 우리나라의 뚱카롱과는 또 다른 마카롱의 매력을 느끼고 오시길 바란다.

셜록

잉글리시
브렉퍼스트

영국에는 정말 피시 앤 칩스가 전부일까? 그렇게 생각한다면, 영국식 아침 식사가 있다. 영국에서 가장 잘 먹는 방법은 '하루 세 번, 아침식사를 하는 것' 이라는 말이 있는데 '잉글리시 브렉퍼스트'를 보면 괜히 나온 말이 아닌 듯 하다. 달걀 프라이 2개, 베이컨, 소시지, 토마토, 콩, 토스트까지 담긴 한 접 시는 보기만해도 푸짐하다. 드라마 속 셜록이 다녀간 카페에서 '셜록 브렉퍼 스트'를 즐기다 보면 빅토리아 시대로 돌아간 기분이 들지도 모른다.

영국은 셜록
그리고 잉글리시 브렉퍼스트

런던에서 음식과 관련된 큰 전시가 열린다는 소식을 들은 건 2019년의 어느 5월이었다. 뒤늦은 공부를 위해 대학원에 들어간 나는 학교 스케줄과 강의 스케줄로 정신이 없었다. 런던 빅토리아 앨버트 뮤지엄에서 열리는 〈Food:Bigger than the plate〉라는 음식 전시회 소식을 알게 된 뒤, 난 온통 그곳에 가고 싶다는 생각에 빠져 있었다. 런던이 서울 근처도 아니고 가고 싶다고 쉽게 다녀올 수 있는 곳도 아닌데…. 음식 전시회는 의외로 드물다. 우리나라뿐만 아니라 다른 나라에서도 각 지역의 특산물을 알리기 위한 지역 행사가 아닌 이상 흔하게 열리는 전시가 아니다. 게다가 전시회가 열리는 런던은 내가 사랑하는 셜록 홈즈의 도시인데 지난 런던 여행에서 셜록 홈즈의 흔적을 따라가지 못해서 아쉬웠던 터였다.

우선 시간과 비용, 스케줄 모두 고민이 됐다. '전시회를 보러 런던까지 간다고? 누가 보내주는 출장도 아닌데?' 고민을 거듭하다가 문득 '또 못 갈 건 뭐지? 내가 지금 이렇게 강렬하게 가고 싶은데!'라는 생각이 들었다. 5년 후의 나는 10년 후의 나는, 아마도 가고 싶지 않을지 모른다. 귀찮아서, 비용이 들어서, 시간이 없어서, 전시를 보러 거기까지 간다는 건 불필요한 낭비라고 생각하게 될지 모른다. 그런 내가 되기 전에 지금 가자.

난 결국 전시가 끝나기 이틀 전 9월의 어느 날 런던에 도착했다. 런던의 얄궂은 가을 날씨도 내겐 그저 낭만적으로 느껴졌고, 공사 중인 빅벤 위에 올라가서 난동을 부리는 남자도 너그러운 관광객의 시선으로 볼 수 있었다. 몇 해 전 런던에 왔을 때는 랜드마크부터 찾아다니느라 바빴는데 다시 찾은 런던은 조금 더 보이는 게 많았다.

기대했던 전시가 좋았던 건 말할 것도 없다. 이 전시회는 오프닝 티켓부터 독특했는데, 티켓은 설탕으로 만들어져 '지속 가능성'이라는 전시의 주제를 잘 표현해냈다. 전시장은 〈미래의 푸드〉라는 주제 아래 식재료의 재배에서부터 유통, 소비, 퇴비화, 다시 재활용되는 과정까지 섹션별로 나눠져 있었고 요리사, 과학자, 농부, 예술가들이 만들어 낸 70개 이상의 창의적인 프로젝트가 펼쳐졌다.

영국 음식? 그래도 런던이라면 다르다

그 멀리까지 갔는데 전시만 보고 오진 않았다. 런던까지 갔으니 버로우 마켓에서 신선한 생굴에 레몬즙을 뿌려 먹는 즐거움을 누렸고 150년 전통의 런던에서 가장 오래됐다는 제과점 메종 베르토에서 두툼하고 폭신한 스콘을 먹었으며 앞으로도 여전히 그 자리에 있어줄 것만 같은 먼모스 커피를 마시며 행복해 했다. 영국은 음식이 맛이 없기로 소문난 곳이라지만 런던이라면 다르다. 글로벌한 대도시들의 음식 맛은 대체로 상향평준화 되었으며 관광객 입맛에도 잘 맞는다. 즐거운 기분 탓인지 런던의 음식들은 이전보다 맛있게 느껴졌다. 난 기분이 좋아진 발걸음으로 '런던 베이커가 221번지 B호'로 향했다. 셜록 홈즈와 왓슨의 하숙집인 이 주소는 원래 실재하지 않는 주소로 지금은 셜록 홈즈 박물관이 이 주소를 입구에 내걸고 있다. 실제 주소는 239번지로 늘 관광객들로 북적인다.

난 아침식사를 하기 위해 영국 드라마 〈셜록〉에 나와서 유명해진 스피디 카페Speedy's Sandwich Bar&Cafe도 들렀다. 셜록 홈즈는 여러 차례 영화와 드라마로 만들어졌는데, 역시 내게 최고는 BBC One의 드라마 〈셜록〉이다. 일단 셜록 홈즈를 현대물로 각색한 게 흥미로웠고(전보 대신 아이폰 메시지라니!), 주연을 맡은 베네딕트 컴

버배치는 셜록 홈즈의 삽화를 찢고 나온 게 아닌가 싶을 정도로 홈 즈 역에 찰떡같이 어울렸다. 깡마르고 키가 크고 날카로워 보이는 인상에 사냥 모자를 쓰고 망토 달린 긴 코트를 입은 베네딕트 컴버 배치의 모습은 홈즈를 그대로 닮은 듯 했다. 그에 비하면 2009년 영화화 된 〈셜록 홈즈〉은 아쉬운 점이 많다. 주연을 맡은 로버트 다우니 주니어도 멋진 배우이긴 하지만, 셜록이 되기엔 너무 잘생 기고 예쁘다. 유머러스한 면은 좋지만 홈즈 특유의 까칠함이나 신 경질적인 느낌 없이 좀 둥글둥글한 느낌이랄까. 베네딕트 컴버배 치의 홈즈가 '난 영웅이 아니야! 고기능 소시오패스지!'라고 외치 는데 반해 로버트 다우니 주니어는 아이언 맨의 영향인지 몸도 좋 고 머리도 좋은 매끈한 영웅 캐릭터 같다.

스토리 면에서도 영화보다는 드라마 〈셜록〉에 한 표를 주고 싶 다. 코난 도일의 소설 《셜록 홈즈》의 인기 요인 중 하나가 범인의 알리바이가 아닌 현장의 증거를 수집해 범인을 잡는다는 것인데, 드라마는 그 점을 아주 재밌게 잘 포착해냈다. 반면 영화 〈셜록 홈 즈〉는 이런 부분을 안 살린 건 아니지만, 더 많은 부분이 로버트 다 우니 주니어가 몸을 써서 위기를 극복하거나 사건 현장을 빠져나 오는 것에 할애되는 터라 추리극이라기보다는 액션극에 가깝게 느껴졌다. 그래도 원작 셜록 홈즈의 인기 덕분인지, 영화는 〈셜록 홈즈〉(2009)와 〈셜록 홈즈:그림자 게임〉(2011)에 이어 〈셜록 홈즈 3〉도 제작중이라고 한다.

영국에서는 아침식사를!

그것이 영국음식을 즐기는 방법이다

아침식사를 하기 위해 들른 '스피디' 카페에는 여기저기 드마라 〈셜록〉을 촬영한 흔적이 남아 있었다. 홈즈와 왓슨이 가게 앞에 서 있는 사진이나 마이크로프트 홈즈가 가게안에 앉아 있는 사진 들을 보고 있으니 드라마의 장면들이 새록새록 떠올랐다. 메뉴판 을 보니 꽤 많은 아침식사 종류가 준비되어 있었는데, 잠깐 고민하 다가 잉글리시 브렉퍼스트Full English Breakfast와 셜록 브렉퍼스트 Sherlock Breakfast를 주문했다. 영국에 오면 아침은 왠지 잉글리시 브렉퍼스트를 자주 먹어줘야 할 것 같았고, 셜록을 기념하기 위해 온 카페이니 셜록 브렉퍼스트도 빼놓을 수 없었다. 잉글리시 브렉 퍼스트는 프라이한 달걀 2개에 베이컨, 소시지, 토마토, 콩, 토스트 로 이뤄졌고, 셜록 브렉퍼스트는 스크램블 에그에 훈제 연어, 구운 토마토, 아보카도, 버섯, 토스트로 구성됐다. 맛은 특별하지 않았 지만 그런대로 괜찮았다. 이런 곳에서는 추억에도 가격이 있는 법 이니까.

잉글리시 브랙퍼스트는 이름 그대로 '영국식English 아침식사 breakfast'라는 뜻으로 줄여서는 프라이 업Fry-Up으로 부르고, 큰 접 시를 다양한 음식으로 꽉 채웠다는 뜻의 풀 잉글리시 브랙퍼스트 Full English breakfast라고도 한다. 이 요리의 탄생은 소설《셜록 홈즈》가 탄생한 영국의 황금기였던 빅토리아 시대1837~1901로 거슬러 올라가는데, 19세기 중반 산업혁명 이후 공장에서 일하는 노동자들의 칼로리 보충을 위해 푸짐하게 차려 먹은 데서 시작됐다고 한다. 또 이 시기에 신흥 부자들이 등장하면서 자신의 부와 좋은 취향, 사회적 위치 등을 보여주기 위해 푸짐한 아침식사를 준비했다고도 한다. 어느 쪽이든 족히 1000kcal는 될 법한 이 식단이 현대인들에게는 부담스럽긴 하지만, 하루에 2만보 이상 걷는 나 같은 여행자에게는 든든한 아침식사로 좋았다.

아, 그리고 영국에는 '잉글리쉬 브렉퍼스트 소사어티EBS, English Breakfast Society'라는 단체도 있다는 걸 아시는지? 전통적인 영국식 아침식사의 역사에 대해 탐구하는 곳인데, CNN과 BBC 등에도 소개될 만큼 인지도가 있는 곳이다. 영국 하트퍼드셔에 본사를 둔 비영리 조직이라는데, 홈페이지를 들어가 보니 영국 아침식사의 역사에서부터 조리법까지 잘 정리되어 있다. 영국식 아침식사에 대해 더 궁금한 분들은 찾아보시기를 바란다.

예전에 리버풀에 갔을 때 세상에서 제일 맛없는 잉글리시 브렉퍼스트를 먹은 적이 있는데 이번에 런던에서 먹은 잉글리시 브렉퍼스트는 대체로 만족스러웠다. 영국에서 가장 잘 먹는 방법은 하루에 세 번 아침식사를 하는 것이라고 한 프랑스 소설가 서머싯 몸의 말이 (물론 그는 20세기 사람이지만) 괜한 말은 아니라며 입맛에 안 맞는다던 블랙푸딩까지 맛있게 먹어 치웠다. 블랙푸딩은 우리나라의 순대 같다고 표현되는 음식인데, 돼지 피와 오트밀 등을 넣어서 만든 검은색의 소시지로 잉글리시 브렉퍼스트에서는 빠지지 않는 메뉴다. 처음에 우리나라의 순대를 연상하고 먹었던 터라 짭짤한 그 맛에 깜짝 놀랐는데 이젠 조금 익숙해졌다.

음식 전시회를 보기 위해 런던으로 떠났던 2019년, 가기 전엔 여러 망설임이 있었지만 난 그곳에서 더없이 귀하고 행복한 시간을 보냈다. 그 다음해에 COVID-19가 우리를 덮칠 줄은 아무도 상상하지 못했지! 지금의 난 그 추억을 떠올리며 즐거워하고, 그때 얻은 경험을 얘기하면서 여전히 런던에서 보낸 시간을 오래 추억하고 있다. 할까 말까 망설일 때는 일단 해보자. 아무 것도 하지 않으면 인생에 아무 일도 일어나지 않는다. 미래의 나를 믿지 말고 현재의 나를 믿고, Now or Never!

셜록 홈즈 쿡북

혹시 셜록 홈즈에 등장하는 요리 이야기가 더 궁금하신 분들에게는 《Dining With Sherlock Holmes: A Baker Street Cookbook》을 권한다. 놀랍게도 이 책은 1976년에 출간된 책인데 여전히 쉽게 구할 수 있고, 아쉽게도 번역은 되어 있지 않지만 레시피 위주의 책이라 요리를 좋아한다면 비교적 편하게 읽을 수 있다. 이 책을 쓴 두 명의 저자는 셜록의 광팬인 셜록키안Sherlockians으로 직업이 뉴욕의 판사였다는 점도 재밌다.

이 책에는 셜록 홈즈 소설에 언급된 요리도 있지만, 대부분 셜록 홈즈가 먹었을 것 같은 음식으로 채워져 있다. 참고로 내가 좋아하는 〈바스커빌 가문의 개〉 편에서 소개된 음식은 '바스커빌 아침식사Baskerville Breakfast'로 브리오슈와 닭 간을 곁들인 달걀요리가 아침식사로 나온다. '도대체 이건 무슨 맛일까?' 상상하면서 읽다 보면 빅토리아 시대로 순간 이동해 셜록 홈즈과 왓슨, 그리고 허드슨 부인이 함께 식사를 즐기는 듯한 기분 좋은 느낌이 든다.

캐롤

수란을 얹은 크림소스
시금치 요리

미묘한 시선, 서로가 서로를 '응시'하는 눈빛은 속일 수가 없다. 캐롤과 테레
즈는 처음부터 서로에게 이끌린다. 연륜으로 자신이 원하는 것을 명확히 아
는 캐롤, 반면 아직 자신이 원하는 것이 무엇인지 잘 모르는 테레즈가 같은
음식을 주문했던 건 수동적인 그녀에게는 가장 간편한 대답이기 때문일지
도 모른다.

그녀가 음식을
따라서 주문한 이유

　　　　　　　　내게 남산은 기분 좋은 추억이 있는 곳
이다. 대학 시절, 한예종에 다니던 친한 친구를 따라 남산에 가곤
했던 기억 때문인지 지금도 그 근처를 지날 때면 옛 추억이 떠올라
서 슬며시 웃게 된다.

　그 후 오랫동안 남산에 갈 일은 거의 없었는데, 남산 하얏트호텔
근처에 복합 문화공간 '피크닉'이 생긴 뒤로는 종종 갈 기회가 생겼
다. 이곳은 오래된 제약회사를 리모델링해서 만든 곳인데 작지만
특별한 전시들이 열리는 터라 새로운 전시가 있을 때마다 잊지 않
고 들르는 편이다. 특히 겨울에 본 〈사울 레이터: 창문을 통해 어렴
풋이〉는 사진의 분위기 때문인지 잊고 있던 옅은 그리움의 감정이
떠오르기도 했다.

사울 레이터Saul Leiter는 1940년대부터 컬러 필름을 사용했는데 당시의 기술로는 색상 재현의 한계가 많아 동시대 평론가들은 '진실을 왜곡한다'며 그의 사진을 폄하했다고 한다. 이후 2006년 예술서적 출판사 슈타이들이 잊힐 뻔한 그의 사진들을 모아 사진집 《Early Color》로 발간하면서 사울 레이터는 '컬러 사진의 선구자'로 재평가를 받게 된다. 그가 찍은 뉴욕의 1950~1960년대 사진들을 보고 있으면 약간 몽환적인 느낌이 든다. 유리창이나 차창처럼 무언가를 통해 보이는 풍경을 찍기 좋아하는 그의 사진 스타일 때문인지, 아니면 당시 컬러 사진의 한계 때문인지, 그의 사진들은 마치 영화 속 한 장면 같다. 이런 기분을 토드 헤인즈 감독도 느꼈는지 그는 영화 〈캐롤〉을 만들 때 사울 레이터의 사진들에서 시각적 영향을 받았다고 밝힌 바 있다. 사울 레이터의 시선은 영화 〈캐롤〉 속 테레즈의 시선과 어쩐지 닮은 듯 느껴진다.

1950년대 뉴욕, 영화 〈캐롤〉은 백화점 장난감 코너에서 일하는 테레즈루니 마라 분가 손님으로 온 캐롤케이트 블란쳇 분을 만나는 것으로 시작된다. 크리스마스를 맞아서 딸의 선물을 사러 온 캐롤은 테레즈의 추천으로 장난감 기차를 사고 배달을 부탁하면서 의도였는지 실수였는지 장갑을 두고 온다. 테레즈는 카운터에서 캐롤이 두고 온 장갑을 발견하고 그녀에게 돌려주기 위해 연락을 한다. 캐롤은 감사의 표시로 그녀와 식사를 제안한다. 레스토랑에서 메뉴판을 보던 캐롤은 "크림소스 시금치에 수란 올려주세요. 드라이 마티니도 올리브 넣어서"라고 주문한다. 테레즈 역시 메뉴를 한참 보더니 "같은 걸로 할게요"라고 대답한다. 캐롤의 주문을 따라하는 테레즈에게 웨이터는 묻는다. "식사요, 아니면 음료요?" 잠시 당황하던 테레즈는 대답한다. "둘 다요."

무엇을 원하는지 모를 때
가장 간편한 대답 '같은 것'

가끔 음식을 주문할 때 "넌 뭐 먹을래?" 물어보면, 메뉴판을 한참 보다가 "나 너랑 같은 거" 이렇게 대답하는 사람들이 있다. 어떤 경우는 상대방에 대한 배려이기도 하고 어떤 경우에는 별 생각 없이 하는 대답이기도 하지만 가끔은 정말 뭘 먹어야 할지 몰라서인 사람들도 있다. 테레즈는 뭘 주문해야 할지 모르는, 그러니까 자신이 뭘 좋아하는지 잘 모르는 인물이다. 사진작가를 꿈꾸지만 백화점 장난감 코너 점원으로 일하는 그녀는 결혼하자는 남자친구가 있지만 대답을 미루고 회피하는 중이다. 그녀는 점심 메뉴도 간신히 결정한다고 할 만큼 소극적이고 수동적인 캐릭터다. 반면 캐롤은 그녀와 다르다. 현재 딸의 양육권을 두고 남편과 이혼 소송 중인데, 자신의 감정에 솔직하고 자신의 삶을 주체적으로 끌고 가려는 인물이다.

장난감 코너에서 일하던 테레즈가 매장 안에 들어선 캐롤을 오래 바라볼 때, 캐롤이 장난감 기차에 대해 설명하는 테레즈를 유심히 바라볼 때, 우린 서로를 향한 이들의 '응시'가 매우 특별하다는 걸 알 수 있다. 참 신기하지. 우린 서로에게서 눈을 떼지 못하는 눈빛만 봐도 두 사람 사이의 미묘한 공기를 정확히 읽어낼 수 있으니까. 난 영화 〈캐롤〉을 보면서 사랑이란 풍덩 빠져드는 것인지 아니면 서서히 물들어가는 것인지에 대한 오래된 논쟁을 떠올렸다. 적어도 이 영화는 사랑은 풍덩 빠져드는 것이라고 말하는 듯하다.

하지만 영화의 배경은 1950년대, 지금도 쉽지 않은 두 여성의 사랑이 이 당시에 쉽게 허락될 리 없다. 캐롤의 남편 하지카일 챈들러 분는 그녀의 '성적 정체성'을 문제 삼아서 공동양육권을 거부하며 캐롤을 협박하면서도 한편으론 그녀가 '성적 지향성'을 포기하고 자신에게 돌아오지 않을까 하는 기대를 버리지 못한다. 이 상황이 답답하기만 한 캐롤은 테레즈와 함께 서부로 여행을 떠나 온전한 둘만의 시간을 보낸다. 난 크리스마스에서 새해까지 이어진 그녀들의 짧지만 행복했던 겨울 여행을 보면서 지난 어느 여행의 기억 속으로 혹 끌려 들어갔다. 쨍하게 차갑고 시원했던 겨울의 아침 공기, 낯선 여행지에서 먹던 뜨거운 수프와 빵, 달리던 차 안에서 먹던 샌드위치, 한 입 베어 물던 사과의 감촉, 노이즈 캔슬링 된 것처럼 집중되던 누군가의 목소리. 기억은 그렇게 줄줄이 소환된다.

새해 전야, 함께 하게 된 둘은 자신들이 지내온 일상을 이야기한다. 캐롤은 언제나 남편이 일 때문에 바빠서 혼자였으며, 테레즈는 북적이는 사람들 사이에서 항상 혼자였다고 말한다. 둘은 더 이상 외롭지 않다. 하지만 이들의 여행을 하지가 두고 볼 리 없다. 하지는 캐롤이 동성애자라는 사실을 입증하기 위해 사립탐정 토미코리 마이클 스미스 분를 고용한다. 마치 외판원인 것처럼 접근한 토미는 이들의 여행을 감시하며 사진을 찍고 대화를 녹음해 하지에게 보내고, 테이프가 남편에게 전달되었음을 알게 된 캐롤은 분노한다. 결국 테레즈와 관계가 지속되면 딸의 양육권을 잃을 수도 있다는 생각에 캐롤은 테레즈에게 쪽지를 남긴 채 떠나고 이들의 여행은 중간에 끝이 나게 된다.

그녀와의 사랑으로
나는 주체적인 삶을 찾았다

테레즈와 이별을 선택한 뒤 남편 곁으로 돌아온 캐롤은 원하지도 않는 정신과 상담을 받고 억지로 웃으며 딸을 지키려 애쓴다. 하지만 어떤 일은 일어나고 나면 그 전으로 돌아갈 수 없는 법이다. 결국 캐롤은 자신의 성 정체성을 부정하지 않고 세상의 억압에 타협하지 않으려고 한다. 그것이 딸에게 보여줄 수 있는 최선이라는 신념을 갖고 세상에 맞서려고 한다.

반면 갑작스러운 이별 통보를 들어야 했던 테레즈는 캐롤과의 이별 이후 조금씩 성장하게 된다. 자신이 찍은 캐롤의 사진으로 포트폴리오를 만들어서 《뉴욕타임스》에 일자리를 얻게 되고 모호한 태도를 유지했던 남자친구와 결별한다. 자신이 뭘 원하는지도 모르면서 뭐든 '네'라고 대답한다며 자책했던 그녀는 이제 스스로 결정하는 힘이 생겼다. 사랑은 두 사람을 변화시켰고, 두 사람은 진짜 원하는 것들에 조금 더 다가가게 됐다.

이 영화는 《리플리》의 작가이기도 한 패트리샤 하이스미스의 자전적 소설 《소금의 값The Price of Salt》을 원작으로 하고 있다. 1952년 출간 당시 금기시 되던 동성애라는 소재 때문인지 작가는 이 소설을 필명으로 발표했는데, 당시의 차별적인 분위기에도 불구하고 100만 부 이상 팔리며 큰 인기를 모았다고 한다. 탄탄한 원작에 토드 헤인즈 감독의 손길이 닿은 영화는 미술, 세트, 의상, 헤어 메이크업까지 고혹적이고 아름답다.

파란달의 시네마 레시피

수란을 얹은 크림소스 시금치 요리

레스토랑에서 캐롤이 테레즈를 만나서 음식을 주문할 때 '크림소스 시금치에 수란을 올려 달라'고 하는데, 크림소스 시금치는 수란보다는 스테이크에 곁들여 먹는 경우가 많다.

꼭 스테이크가 아니더라도 프라이드 치킨이나 칠면조 요리에도 곁들여 먹는데 수란을 얹어서 먹는 경우는 흔하지 않은지 레시피를 찾다보니 외국 관객들이 '이 음식을 수란에 곁들여 먹는다고?'라며 특이하게 생각하는 반응도 찾아볼 수 있었다. 하긴 익힌 시금치를 크림소스에 버무려서 만드는 요리인데 수란을 곁들이는 건 식감상 좀 안 어울릴지도 모르겠다. 어떤 외국 블로거는 이 요리를 설명하면서 시들어가는 시금치를 활용하는 완벽한 방법이라고 했던데 냉장고에 남아있는 처치곤란 재료는 만국 공통의 고민거리인 듯하다.

우리 집 냉장고에도 시들한 시금치가 있다면 꺼내서 만들어 보자. 수란을 곁들여도 좋지만 확실히 스테이크에 더 어울리고, 빵에 발라 먹어도 맛있다.

시금치 300g, 양파 1개, 우유 1컵, 생크림 1/2컵, 버터 2큰술, 밀가루 2큰술, 소금, 후추 약간, 파마산 치즈 약간(옵션), 넛맥 약간(옵션)

1 시금치는 깨끗하게 씻어서 뜨거운 물에 데친 뒤 꼭 짜서 먹게 좋게 잘라서 준비한다.

2 잘 달군 팬에 버터를 녹인 뒤 잘게 썬 양파를 넣어 양파가 부드러워질 때까지 볶는다.

3 ②에 밀가루 2큰술을 넣고 볶다가 우유를 붓고 잘 저어가며 끓인다.

4 소스가 걸쭉해지면 생크림을 넣고 끓이다가 소금, 후추, 넛맥을 넣고 간하며 끓인다.

5 ①의 데친 시금치와 파마산 치즈를 넣고 졸아들도록 끓여서 완성한다.

cinema

웡카

칠리를 넣은
핫초콜릿

자신만의 초콜릿 가게를 열겠다는 '꿈'을 가진 웡카의 여정은 쉬워 보이지 않는다. 가진 것은 낡은 모자와 단돈 12소버린인데 하루 만에 잃고, 어떤 계략에 의해 빚까지 생기고 만다. 그리고 웡카의 꿈의 크기가 커질수록 그를 방해하는 세력들만 나타난다. 웡카는 어떻게 이 난관을 헤쳐 나갈지. 다디단 꿈에 쓰디쓴 난관을 말이다.

초콜릿은 원래
달지 않다

영화에 초콜릿처럼 자주 등장하는 디저 트는 드물다. 달콤한 맛은 물론이고 기분이 울적할 때 입안에 넣고 오물오물 녹여 먹으면 사르르 녹는 감촉에 기분마저 좋아진다. 그래서인지 초콜릿은 우리에게 사랑의 감정을 불러일으킨다. 어디 사랑의 감정뿐인가. 유혹, 갈망, 탐욕, 끈적이는 질감에서 비롯된 에로틱한 느낌까지 초콜릿은 여러 의미를 전달한다.

초콜릿의 이미지를 가장 잘 보여주는 영화 한 편을 먼저 소개하자면 라세 할스트롬 감독의 영화 〈초콜릿〉이다. 개봉한 지 꽤 오래된 영화이긴 하지만 아직까지 초콜릿에 관해서라면 이 영화만큼 애정을 담아서 다룬 작품은 없는 듯하다. 줄리엣 비노쉬와 조니

뎁 주연의 이 영화는 청교도적인 마을의 사순절 기간에 한 모녀가 초콜릿 가게를 열면서 벌어지는 이야기인데, 자신의 욕망을 억누른 채 금욕주의적인 생활을 하던 마을 사람들이 초콜릿을 통해 어떻게 변화하는지를 보여준다. 주인공인 비앙쥘리엣 비노쉬 분이 만드는 초콜릿은 손자를 자주 보지 못하는 외로운 할머니의 마음을 위로하고, 열정이 사라진 중년부부의 삶에 성적 활력을 불어 넣어주며, 30년간 외로운 짝사랑을 하며 상대방의 주위만 맴도는 할아버지의 마음에 용기를 심어준다. 하지만 초콜릿은 자주 탐욕의 대상이 된다.

초콜릿이 그저 '고칼로리의 단 것'으로 규정될 때 이것은 그저 살을 찌우는 음식일 뿐이며 인물의 자제력 없음을 보여주기도 한다. 영화 〈찰리와 초콜릿 공장〉에서 운 좋게 골든 티켓을 따낸 아우구스투스도 그렇다. 그는 언제나 초콜릿을 입에 달고 사는 고도비만의 먹보 소년인데, 급하게 초콜릿을 먹다가 식용 금박 맛이 나서 골든 티켓을 발견했다는 사실을 알아챘을 정도다. 결국 먹보 소년은 초콜릿 공장에 가서도 윌리 윙카의 경고를 무시한 채 욕심을 부리며 초콜릿 강물을 마시려다가 맨 처음 쫓겨날 처지가 된다.

영화 〈찰리와 초콜릿 공장〉의 프리퀄(오리지널 영화보다 시간상으로 앞선 이야기를 보여주는 속편)이라고 알려진 영화 〈웡카〉는 초콜릿이 지닌 달콤한 느낌을 극대화시킨 영화다. 마법사이자 초콜릿을 만드는 윙카(티모시 샬라메 분)는 7년간 배에서 일하다가 자신의 매장을 열기 위해 도시에 도착한다. 그의 꿈은 온갖 디저트가 모여 있는 '달콤 백화점'에 자신의 매장을 여는 것이다. 하지만 주머니에 있던 12소버린을 하루 만에 모두 잃고, 낡은 여인숙의 이용약관을 제대로 읽지 않은 대가로 엄청난 사용료까지 청구 당해 여인숙에 딸린 세탁소에서 무려 27년이나 일해야 되는 처지가 된다. 다행히 여인숙에서 만난 소녀 누들(케일라 레인 분)의 도움으로 초콜릿을 판매하러 나갈 수 있는 기회를 얻게 되지만, 윙카의 실력을 경계하는 초콜릿 카르텔 3인방과 밤마다 초콜릿을 훔쳐가는 작은 도둑 움파룸파(휴 그랜트 분)가 나타나면서 그마저 어려워진다.

세상에 모든 좋은 일은 꿈에서 시작되지
그러니 네 꿈을 간직해

아마 팀 버튼 감독의 영화 〈찰리와 초콜릿 공장〉을 기대하고 이 영화를 본 사람이라면 당황할지 모른다. 〈윙카〉는 프리퀄임에도 불구하고 티모시 샬라메의 윙카와 조니 뎁의 윙카 사이에는 접점이 없어 보인다. 만약 이 영화에 티모시 샬라메의 윙카가 조니 뎁의 윙카로 바뀌는 과정에 대한 서사가 빠져 있는 거라면, 이제 티모시 샬라메는 온갖 산전수전을 다 겪고 사람들에 대한 환멸을 느끼고 자신을 두고 떠난 아버지에 대한 애증을 느끼는 경험을 해야 될 텐데 난 그러지 않았으면 좋겠다. 다정한 엄마에게서 받은 따뜻한 마음과 긍정 에너지로 사람들의 이야기에 귀 기울이고 최선을 다해 도와주려는 지금의 윙카로 살아주면 좋겠다.

물론 조니뎁의 윙카도 매력적이다. 엄격한 아버지에게서 받은 상처와 결핍으로 자신만의 세계를 구축한 조니 뎁의 윙카를 어떻게 싫어할 수 있을까. 그런데 인생을 긍정적으로 사는 게 시니컬하게 사는 것보다 더 어려울 때가 많더라. 사랑을 하고, 또 사랑을 받은 추억이 한 사람의 인격을 만든다.

윙카가 만들어 내는 초콜릿은 그가 마법사이기도 하다는 설정에서 비롯된 터라 아주 특별하다. 그가 달콤 백화점에 처음 도착해서 모두의 눈을 휘둥그레 만든 '두둥실 초콜릿'은 머쉬멜로우와 캐러멜, 체리가 들어간 초콜릿인데, 머쉬멜로우는 페루의 고원에서, 캐러멜은 러시아 광대의 짭짤한 눈물에서, 체리는 일본 황실 정원에서 따온 걸 넣었다.

'우와. 도대체 이 귀한 재료들은 어떻게 구한 거야?' 싶을 무렵, 이 초콜릿을 먹은 뒤엔 20분간 하늘을 두둥실 날 수 있다는 사실까지 알게 된다. 게다가 더 놀라운 건 단돈 1소버린이라는 것! '구름 속 한 줄기 희망'인 실버라이닝 초콜릿은 번개 구름과 태양빛으로 만들어졌는데 힘들 때 먹으면 희망을 느끼게 해 주고, '화려한 밤 산책' 초콜릿은 밤에 파티에 온 것 같은 신나는 기분에 감수성까지 올라가서 헤어진 전 여친에게 '자니?'라는 문자를 보내게 만드는 초

콜릿이다.

이렇게 마법같이 달콤한 초콜릿이 가격까지 싸다는 걸 알게 되자 기존에 초콜릿 업계를 독점하고 있던 초콜릿 카르텔 3인방은 격분하기 시작한다. 특권의식에 가득 찬 그들은 경찰서장과 신부까지 매수하고, 초콜릿의 순도를 떨어뜨리는 방식으로 품질이 낮은 초콜릿을 팔아 거대한 수익을 챙기고 있었다. 결국 그들은 비밀 회동을 열어서 윙카를 쫓아내려는 계획을 세우고 윙카는 누들과 함께 초콜릿 창고에 갇히게 된다.

이 영화에서 캐릭터로만 보자면 윙카보다는 움파룸파가 더 인상적이다. 2등신의 몸매로 '움파룸파~둠파티디~'를 부르는 모습을 보고 있으면 '이 남자가 정녕 나를 설레게 했던 〈노팅 힐〉의 휴 그랜트란 말인가!' 믿기지 않지만 능청스러운 움파룸파를 너무 잘 소화했다. 움파룸파가 윙카를 쫓아다니게 된 사연도 눈물겹다. 그는 고향인 룸파랜드에서 카카오 열매 4개를 지키다가 잠깐 낮잠이 들었는데, 그 사이 윙카가 와서 카카오를 모조리 훔쳐간 것이다. 그 바람에 고향에서 쫓겨난 움파룸파는 카카오를 천 배로 갚을 때까지 윙카를 쫓아다니며, 그가 만든 초콜릿을 훔쳐 가고 있다. 꽤 집요해 보이지만 은근 의리파여서 위기에 처한 윙카를 구해내기도 한다.

난 영화 속 달콤 백화점이 있는 아케이드를 보면서 밀라노 두오

모 광장의 '갤러리아 비토리오 엠마누엘레 2세'가 떠올랐다. 이 영화의 실제 배경은 아닐지 모르지만 내가 너무 아름답다고 느낀 아케이드라서 그런지 여행 당시의 기억까지 더해져서 즐거웠다. 보는 내내 하늘을 날게 하는 두둥실 초콜릿이 먹고 싶었지.

대사 중에 "세상에 모든 좋은 일은 꿈에서 시작되지. 그러니 네 꿈을 간직해(Every good thing in this world, started with a dream. So you hold on to yours)"는 웡카의 주제를 잘 보여준다. 나 역시 좋은 일은 모두 꿈에서 시작된다고 믿는 사람이다. 지금까지 내 경험으론 꿈꿨던 일에 도달하지 못하는 경우는 있지만, 꿈도 꿔보지 않은 일에 도달하는 경우는 없더라. 아직 안 보신 분들은 초콜릿 하나 옆에 두고 영화를 보시길. 아, 그리고 이 영화는 뮤지컬임을 기억해 두시길!

파란달의 시네마 레시피

핫초콜릿

웡카는 낯선 도시에 도착해 주머니에 있던 돈을 모두 써버리고 벤치에 앉아 노숙을 준비한다. 그런데 갑자기 모자를 벗더니 그 안에서 찻주전자와 숟가락, 컵을 꺼내 핫초콜릿을 마시려는 게 아닌가. 역시 맛을 안다니까! 잠들기 전에 마시는 핫초콜릿 한 잔은 꿀잠 보장이지.

초콜릿이라고 하면 대체로 고형으로 된 초콜릿을 연상하지만 초콜릿의 긴 역사에 있어서 사실 대부분은 마시는 음료로 이용되어 왔다. 기원전에는 카카오콩을 갈아서 옥수수가루와 칠리페퍼를 섞어서 섭취한 흔적이 남아 있는데, 이때의 초콜릿은 자양강장제 역할을 했다고 한다. 아즈텍에서는 카카오를 화폐로 사용하기도 했다니 그 가치를 알만하다. 초콜릿이 유럽에 들어오게 된 건 1519년 에르난 코르테스를 통해서인데, 스페인에서는 최음제로 알려지기도 했고 쓴맛 때문에 약으로 사용되기도 했다. 이후 액체 상태의 초콜릿이 고형의 초콜릿이 된 건 19세기 초 산업화에 따른 기술 발달 덕분이다. 초콜릿에 대해 더 궁금하신 분들에게는 〈초콜릿-신들의 열매〉(소피 도브잔스키 코, 마이클 도브잔스키 코, 2000)를 추천한다. 초콜릿을 통해 유럽의 문화와 역사를 알 수 있는 미시사(작은 것을 통해 보는 역사) 책이다.

〈웡카〉를 보고 나니 조금 특별한 핫초콜릿을 만들고 싶었는데, 멕시코에서는 핫초콜릿을 만들 때 고추를 넣어 스파이시 하게 만든다고 한 게 생각나서 칠리를 조금 넣어 만들었다. 재료를 구하기 번거로우면 레시피에 있는 재료 중 칠리 파우더와 시나몬 파우더를 빼고 만들면 된다. 그냥 핫초콜릿이 되겠지만 이것도 아주 맛있다. 하지만 반대로 '난 재료를 더 첨가해도 좋으니 더 맛있게 만들고 싶어!' 하는 분들에게 팁을 드리자면, 일단 초콜릿은 질 좋은 걸 선택할 것! 좀 비싸지만 '발로나' 초콜릿이면 완벽하고 '칼리바우트'나 '반호튼'도 좋다. 여기에 바닐라 빈을 넣어서 만드는 걸 추천한다. 풍미가 확연하게 달라진다.

아, 그리고 또 하나! 핫초콜릿은 만들어서 바로 마시는 것보다 하루 정도 뒀다가 데워 마시면 깊고 풍부한 향이 살아난다. 오늘 무슨 일이 있었든, 정성들여 만든 핫초콜릿 한 잔을 홀짝홀짝 마시고 있으면 금세 기분이 좋아질 것이다.

(재료)

다크초콜릿 70g, 우유1컵, 생크림 1컵, 설탕 1큰술, 칠리파우더 1/4작은술, 시나몬파우더 1/2작은술, 소금 한 꼬집

(만들기)

1 냄비에 우유와 생크림, 설탕을 담고 끓기 직전까지 뜨겁게 데운다.
2 볼에 다크초콜릿을 잘게 부숴 담고, ①의 뜨거운 혼합물을 붓고 잘 섞는다.
3 칠리파우더, 시나몬파우더, 소금을 넣고 거품기를 이용해서 잘 섞는다.
4 냉장고에 하루 정도 넣어뒀다가 꺼내 데워서 마신다.

인터스텔라

콘 캐서롤

거대한 모래 폭풍으로 모든 작물이 죽자 인류 최후의 작물로 선택된 옥수수. 영화에서는 옥수수를 왜 이상기후와 재난으로 뒤덮인 지구에서 살아남은 유일한 식량으로 꼽았을까? 여기에는 '미국을 대표하는 음식 중 옥수수로 만든 음식이 많다'는 배경과 영화화 하는데 시각적인 효과가 컸다는 감독의 의도가 섞였다.

브래드보다는 부드럽고
푸딩보다는 단단한

"아빠, 내 방 책장에 있는 책들이 알 수 없는 이유로 자꾸 떨어져. 아무래도 유령이 있는 것 같아." 딸이 와서 이런 얘기를 한다면 어떻게 대답해야 할까? 쿠퍼매튜 맥커너히 분는 딸 머피에게 유령 같은 건 없으며 과학적으로 사고해야 한다며 충고를 한다. 아빠의 충고를 들은 영특한 딸 머피는 이 현상을 모스 부호 혹은 이진법을 활용해서 해석하려 한다. 하지만 이 영화를 본 사람들은 알 것이다. 이 장면이 앞으로 일어나게 될 이야기에 얼마나 가슴 아픈 복선이 되는지를.

영화 〈인터스텔라〉는 전 세계가 황폐해진 먼 미래에서 시작한다. 이상기후와 재난으로 세계 각국의 정부와 경제는 완전히 붕괴

됐으며 모두가 만성적인 식량부족 사태에 시달리고 있다. 국가의 기능이 약화되어 각종 정부기관과 군대마저 사라지고 나사NASA는 해체됐으며 우주 진출 같은 헛된 꿈을 키울까 봐 아이들에게 인류의 달 착륙은 환상이라고 가르치는 시대다.

지구에 큰 황사가 있던 날, 쿠퍼는 미처 닫지 못한 딸의 방 창문을 통해 들어온 모래의 흔적을 보고 그것이 어떤 좌표임을 알게 된다. 딸 머피와 함께 좌표를 따라 간 곳에는 폐쇄된 줄 알았던 나사가 있었고, 나사는 지구를 대체할 인류의 터전을 찾는 중이었다. 이때 마침 시공간에 불가사의한 틈이 열리고 한때 나사의 파일럿으로 근무했던 쿠퍼는 지구를 구하기 위해 사랑하는 가족을 남겨둔 채 우주로 떠나게 된다.

우리가 최후에 남길 음식은 무엇일까?

영화 〈인터스텔라〉는 과학적인 지식이 있다면 더 재밌게 볼 수 있는 영화다. 실제로 각본을 쓴 조나단 놀란은 4년간 대학에서 상대성 이론을 공부했고, 물리학자 킵 손이 영화 제작에 참여했다고 한다. 영화에서 중력이 다른 행성의 시간이 다르게 흐른다는 설정이나 블랙홀과 화이트홀을 연결해주는 우주 시공간의 구멍인 웜홀에 대한 아이디어는 이 영화를 더 흥미진진하게 해준다. 그러나 난 양자역학에 관해서라면 늘 처음 듣는 것 같은 과학 문외한이라

내가 잘 아는 이 영화 속 음식, 옥수수 이야기를 해보려고 한다.

쿠퍼가 우주로 떠나기 전, 그의 가족들은 뉴욕 양키스와 오클랜드 애슬레틱스 간의 야구 경기를 관람하러 간다. 예전 같으면 큰 경기장에서 열렸겠지만 지금은 동네 야구 수준이다. 장인 어른인 도널드는 경기를 보며 야구장에서 핫도그가 아닌 팝콘을 먹어야 한다니 말도 안 된다고 투덜댄다. 그렇지, 역시 팝콘은 극장이 어울린다. 그럼 왜 핫도그는 먹을 수 없게 된 걸까? 대형 황사로 인해 지구가 온통 흙먼지로 뒤덮이고 병충해로 농업이 불가능해 인류가 재배할 수 있는 농작물은 옥수수뿐이기 때문이다. 남아있는 간식거리는 팝콘뿐이다. 영화는 기후 재난에 우리는 모두 농경 사회로 돌아갈 수 있으며 인구의 대다수는 농업에 종사해야 하는 상황이 발생할 수 있다고 경고한다. 이내 난 인류를 구원해 줄 마지막 농작물이 적어도 미국에서는 옥수수라는 것인지 궁금해졌다.

옥수수는 미국인들에게 매우 특별한 작물이다. 2021년 CNN travel에서 'American food: The 50 greatest dishes'를 발표한 적이 있는데, 이때 선정된 미국의 가장 대표적인 음식 중 하나는 팝콘이었다. 난 이 조사를 보면서 '아니? 그 넓은 미국땅을 대표할 만한 50가지 음식 중에 팝콘이 들어간다고?' 의아해했는데, 그 결과를 보면 놀랄 일도 아니다. 미국인들은 연간 약 140억 리터의 팝콘을 소비하고 있는데, 이는 남성과 여성, 어린이 한 명당 43리터를 소비하는 양이다. 미국의 팝콘 역사는 무척 길다. 팝콘의 주재료인 옥수수는 영국계 이민자들이 미국에 정착했을 때 아메리카 원주민들이 키우고 있던 대표적인 작물 중 하나로, 기원전 3600년 전부터 이미 뉴멕시코 아메리카 원주민들은 옥수수를 튀길 수 있다는 사실을 발견했다고 한다. 그래서인지 미국을 대표하는 음식 중에는 옥수수로 만든 음식이 많다.

영화의 초반에 나오는 그리츠도 그중 하나다. 그리츠Grits는 옥수수 가루로 만든 일종의 죽 같은 음식인데 보통 물이나 우유를 넣고 끓여 만드는 것으로 이런 종류의 음식을 포리지porridge라고 부른다. 그리츠는 포리지 중 하나로 아메리카 원주민 머스코지 부족에서 시작되었다고 알려져 있는데, 원주민들에게 요리를 배운 미국 식민지 개척자들에 의해 빠르게 퍼져 오늘날에 미국인이 즐겨 먹는 음식이 됐다.

영화의 후반, 쿠퍼가 떠난 뒤 황사가 심해진 지구의 식탁에 오르는 음식은 역시 옥수수다. 바구니 가득 찐 옥수수가 올려져 있고, 가족들은 콘 캐서롤corn casserole를 먹는다. 콘 캐서롤은 옥수수에 우유, 달걀, 버터, 설탕 등을 넣어서 반죽한 뒤 오븐 그릇에 담아 구워내는 요리다. 부드럽게 달콤한데다 만들기도 쉬워서 메인 요리에 곁들이는 사이드 요리로도 자주 먹는 음식이다. 각자의 취향에 따라 추가재료를 넣는 것도 가능하기에 다양한 변형도 가능하다. 캐서롤은 요리 이름이기도 하지만 이 요리를 담아내는 그릇의 이름이기도 하다. 집에서 오븐을 잘 활용하지 않는 우리나라에서는 조금 낯선 요리이긴 하지만 막상 만들어보면 꽤 쉬운 요리다.

이쯤 되니 궁금해졌다. 인류의 마지막 식량이 옥수수라는 설정은 감독의 의도일까 아니면 과학적 근거가 있는 것일까? 기사를 찾아보니 크리스토퍼 놀란 감독이 옥수수를 선택한 이유는 그것이 주는 강렬한 시각적인 효과가 가장 컸기 때문이라고 한다. 이를 위해 감독은 직접 옥수수 밭을 경작하는 선택을 했다.

미국에서 팝콘을 많이 먹는 이유가 있어

크리스토퍼 놀란 감독은 가장 미래적인 영화를 가장 현실적으로 그려내는 아날로그 감독으로도 유명한데, 옥수수밭 장면 역시 CG가 아닌 실제 캐나다 앨버타 주에 위치한 30만 평이 넘는 밭을 경작해 촬영했다고 한다. 옥수수가 완전히 자라기까지 6개월을 기다렸다니 그 정성을 알만하다. 재밌는 건 이 옥수수밭은 먼지 폭풍 장면에서 파괴됐는데, 거기서 나온 옥수수를 팔아서 알뜰하게 수익까지 거뒀다는 후문이다.

사람 키보다 높게 끊없이 펼쳐진 옥수수밭은 조금만 들어가도 밖에서 보이지 않기 때문에 완전히 분리된 느낌을 준다. 실제로 그 안에서 길을 잃기도 한다. 뉴질랜드의 북섬 마턴에는 '미로의 옥수수밭'이라는 놀이공원이 있는데 성인들만 이용하는 공포 코스가

따로 있을 정도다. 광활하게 펼쳐져 있는 〈인터스텔라〉의 옥수수 밭은 황량하고 외로운 느낌을 준다.

영화 〈인터스텔라〉에서 쿠퍼가 인류를 구하기 위해 고군분투하는 동안 지구에 남겨진 영특한 딸 머피제시카 차스테인 분는 우주로 떠난 아버지를 기다리며 과학자로 성장한다. 쿠퍼가 도착한 행성은 지구와 중력이 달라 시간의 흐름차가 생기고 어느 순간 아빠와 딸의 나이가 같아지는 순간이 찾아온다. 쿠퍼가 행성에서 보낸 1시간이 지구의 시간으로 7년이나 되기에 가능한 일이다. 결국 쿠퍼가 돌아왔을 때 딸 머피는 백발의 할머니가 되어 그를 맞이한다. 그리고 딸의 임종까지 봐야 되는 상황이 왔을 때 머피는 어떤 부모도 자식 죽는 걸 볼 필요는 없다며 아빠를 우주에 홀로 남아 있을 아멜리아앤 해서웨이 분에게 떠나보낸다.

난 영화 〈메멘토〉와 〈인셉션〉, 〈오펜하이머〉까지 크리스토퍼 놀란 감독의 영화는 모두 재밌게 봤다. 내가 그의 영화를 왜 좋아할까 생각해보니, 그의 영화는 조금 까다롭기 때문이다. 그 까다로움으로 인해 영화 속에 숨겨진 다양한 의미를 찾아내는 즐거움이 있고 영화가 끝난 후에도 긴 이야기를 나눌 수 있어서 좋다. 그리고 또 하나, 나는 그가 사랑을 믿는 사람이라고 생각하기 때문이다. 그는 인류가 늘 그랬듯이 결국엔 답을 찾아낼 것이라고 믿고, 아멜리아가 에드먼즈의 신호를 따라 인류가 머물 수 있는 진짜 행성을 발견했던 것처럼 사랑하는 사람이 절대 거짓된 신호를 보낼 리가 없다고 믿는 사람이다. 솔직함 90%로 설정된 타스처럼 상대방을 위해 남은 10%는 선한 거짓말을 할 수 있다고 생각하는 사람이다. 이런 낭만적인 마음이 내가 그의 영화를 좋아하는 이유다.

파란달의 시네마 레시피

콘 캐서롤

난 옥수수 때문에 여름을 기다린다고 할 만큼 옥수수를 좋아한다. 달콤한 초당옥수수도 좋고, 쫀득쫀득 찰옥수수도 좋다. 시원한 선풍기 바람 앞에서 좋아하는 책을 읽으며 옥수수를 물고 있을 때면 여름날이 더없이 행복하게 느껴진다.

이번에는 영화 속 음식인 콘 캐서롤을 만들어 보자. 집에 캐서롤 용기가 있다면 좋겠지만 없어도 상관없다. 오븐에 들어가는 그릇이면 어떤 그릇이라도 괜찮다. 여름이라면 옥수수를 쪄서 만들어도 좋고, 계절에 관계없이 만들고 싶다면 시판 스위트 콘을 사용하면 된다. 건강을 생각한다면 전자가 좋겠지만, 맛은 후자가 더 좋다. 우리의 미래에 〈인터스텔라〉의 옥수수나 〈마션〉의 감자만 남는 일은 없기를 바라며.

달걀 2개, 버터 1/2컵, 사워크림 1컵, 스위트 콘 1캔 (340g), 머핀 믹스 250g

만들기

1 버터는 전자렌지에 완전히 녹여서 준비한다.

2 볼에 달걀과 녹인 버터, 사워크림을 넣고 섞는다.

3 여기에 머핀믹스를 넣고 섞다가 스위트 콘을 넣은 뒤 매끄럽게 섞는다.

4 준비된 용기에 붓고 170~180도 예열된 오븐에서 30~40분가량 굽는다. 꼬치로 찔러 보아 묻어나오지 않으면 완성이다.

어바웃 타임

보라색 컵케이크

이 영화는 유쾌하고 사랑스러우면서도 조금은 슬프다. 때에 따라 적절하게
시간 여행을 하며, 결혼하고 행복한 시간을 보내는 주인공 팀에게 예기치 않
게 선택의 순간이 온다. 여동생 킷캣의 교통사고, 아버지가 폐암에 걸리기
이전으로 되돌리고 싶지만, 예전처럼 쉽게 시간을 되돌리지 못한다. 과연 팀
은 사랑하는 가족 모두를 위해 어떤 선택을 할까.

행복한 자리엔
늘 컵케이크

영화는 주인공 팀도널 글리슨 분이 아버지빌 나이분로부터 가문의 비밀을 듣는 것으로 시작된다. 바로 이 집안의 남자들은 시간 여행을 할 수 있다는 것인데, 대신 아무 시간대로 갈 수 있는 것은 아니고 자신의 인생에서 실제 있던 장소나 기억하는 곳으로만 갈 수 있다. 방법은 화장실이나 커다란 장롱 같이 어두운 곳에 들어가서 주먹을 쥐고 돌아가고 싶은 순간을 생각하면 된다. 시간 여행이 이렇게 쉽다고? 당연히 팀은 믿지 못한다. 하지만 속는 셈 치고 한 번 해 본 뒤 아버지의 말이 거짓이 아님을 알게 된다. 그럼 이쯤에서 궁금해진다.

"아빠는 이 능력을 어디에 썼어요?"

"난 책을 팠지. 디킨즈는 세 번씩 읽었단다."

(아니 이런 영화적인 설정이라니!)

"넌 이 능력을 어디에 쓰고 싶니?"

(아버지의 질문에 팀은 대다수가 먼저 떠올릴 그 대답)

"돈을 많이 벌고 싶어요!"

하지만 아버지는 그건 은총이자 동시에 저주라며 네가 정말 바라는 인생을 위해서만 심사숙고해서 쓰라고 한다. 그 말에 팀은 수줍게 대답한다. "그렇다면, 솔직히 지금 시점에서는 여자친구가 있으면 정말 좋을 것 같아요." 그렇지. 팀은 사랑이 가장 중요한 남자다.

〈어바웃 타임〉을 다시 보면서 재밌게 느낀 장면은 팀이 시간 여행의 능력을 갖게 된 뒤 처음으로 샬럿마고 로비 분에게 쓰는 장면이다. 샬럿은 여동생의 남자친구의 사촌으로, 여름휴가를 팀의 집에서 보내게 되는데 팀은 샬럿에게 첫눈에 반한다. 그리고 그녀가 떠나야 하는 마지막 날, 자신의 마음을 고백한다. 그러자 샬럿은 왜 그 얘기를 마지막까지 기다렸다가 하냐며, 진작 시간이 있었을 때 내 방에 와서 고백했으면 좋았을 거라고 대답한다.

정말? 그렇다면 우리의 팀에게는 방법이 있지. 바로 시간 여행 능력을 발휘해서 그녀가 도착하고 난 뒤 얼마 되지 않은 시점으로 이동하는 것이다. 시간을 되돌린 그는 다시 고백한다. 그녀의 대답은 어땠을까? "우리가 여름을 같이 보내고 난 뒤 마지막 밤에 다시 찾아와서 물어봐 줄래?" 이런. 결국 샬럿은 '지금도 아니고 그때도

We're all [...]
We all get old
the same tales
[...]mes.
[...]try and marry
someone kind.

아니었던 것이다. 처음 이 영화를 봤을 때는 팀과 메리레이첼 맥아담스 분의 이야기에 푹 빠져서 보느라 샬럿과의 첫 만남 에피소드는 무심코 넘겼는데, 다시 보니 사랑에 있어서 이만한 진리도 없다. 아무리 시간이 달라진다고 해도 누군가 나를 사랑하게 만드는 일은 쉽지 않은 일이다.

이후 팀은 적절하게 시간 여행을 하며 자신의 인생을 살아간다. 아빠의 친구이자 절망에 빠진 극작가도 구해내고 진실한 단 하나의 사랑, 메리도 만나게 된다. 그녀와 더 잘 해보려고 시간을 되돌릴 때마다 나비효과로 예상하지 못한 일이 생겨나지만, 그래도 팀은 잘 대처하면서 결국 사랑스러운 메리와 결혼하게 된다. 이들의 결혼식 장면도 얘기하지 않을 수 없는데, 폭우가 쏟아지는 날 비바람에 우산이 뒤집어져도 깔깔대고 웃으며 피로연을 즐기는 장면은 우리의 결혼식과 사뭇 달라서 인상적이었다. 누군가와 영원을 약속하는 자리에 형식이 뭐 그리 중요할까. 또 하나, 결혼식 피로연 장면에서 내 눈에 들어온 건 층층이 쌓인 웨딩 컵케이크였다. 흔히 볼 수 있는 크고 화려한 웨딩 케이크 대신 그 자리에 컵케이크가 있었다.

컵케이크는 마음을 담기에 부담스럽지 않다

컵케이크는 이름 그대로 컵 사이즈의 작은 케이크cupcake를 뜻한다. 영국에서는 '페어리 케이크fairy cake'라고도 부르는데, 이때는 스펀지케이크에 좀 더 심플한 프로스팅을 올려서 만드는 편이다. 우리가 컵케이크라고 부르는 것과 유사한 디저트는 1796년에 아멜리아 시몬스가 쓴 《American Cookery》에 처음 등장했다. 컵케이크라는 이름은 작은 도자기 컵에 굽기 시작한 데서 시작됐다는 설도 있고, 1C(컵)이라는 표준 크기의 컵을 가지고 재료를 계량한 데서 비롯됐다는 설도 있다.

컵케이크는 일반 케이크보다 빨리 구울 수 있는 데다가 위에 크림이나 설탕 장식을 이용해 다채로운 콘셉트를 표현할 수 있어서 베이비 샤워, 졸업식, 생일 등 특별한 날에도 자주 사용되는 편이다. 우리나라에서도 한때 컵케이크 유행이 퍼졌던 적이 있는데 생각보다 빨리 시들해졌다. 컵케이크는 버터크림을 많이 사용하는데 우리나라 사람들은 생크림을 더 선호해서 그렇지 않을까 추측해본다.

결혼식이나 파티에 사용되는 컵케이크는 트리처럼 생긴 전용 트레이에 층층이 쌓아 올려서 만든다. 화려한 2단이나 3단 케이크보다 비용도 적게 들고, 먹을 때 접시와 포크가 필요하지 않다는 것도 장점이다. 팀과 메리처럼 편안하고 실용적인 야외 피로연에 딱 어울리는 웨딩 케이크다.

메리와 결혼한 뒤 새로 태어난 아기와 바쁘게 흘러가는 일상에 팀은 한동안 시간 여행을 하지 않는다. 그런데 어느 날, 팀의 여동생 킷캣리디아 **윌슨 분**이 자동차 사고가 나면서 시간을 되돌려야 하는 순간이 찾아온다. 그리고 그 과정에서 시간 여행에 숨겨져 있던 예상치 못한 사실을 하나 알게 된다. 이 시간 여행에서는 새로운 생명이 태어나고 나면 그 이전의 시간으로는 되돌아가기 어렵다는 것이다. 그리고 시작된 나의 눈물 버튼. 팀에겐 곧 아기가 태어나게 되고, 아버지는 폐암으로 위독한 상황이 된다. 아기가 태어나기 전까지는 언제든 아버지가 건강한 시절로 돌아가서 함께 있을 수 있지만 아기가 태어난 후에는 그럴 수 없다. 결국 팀은 아버지와 함께 둘이 마지막 시간 여행을 하게 된다. 팀은 어린 소년으로, 아버지는 젊은 아빠였던 시절로 돌아간다. 두 사람이 바닷가를 거닐며 어린 팀이 아빠에게 고마웠다고 말하는 순간은 다시 봐도 뭉클하다.

그러면 그 하루가 얼마나 소중한지 알게 될 거야

난 이 장면을 보면서 엄마 생각이 났다. 우리 엄마는 인생에서 가장 행복했던 순간을 우리가 어렸을 때라고 얘기하시곤 한다. 아마도 그때는 엄마 나이가 30대로 젊었고 우리들은 뭘 해줘도 좋다고 까르르 웃던 꼬마 시절이라 그렇지 않았을까. 이후에 시할머니와 시어머니를 모시고 살면서 남편과 아이 셋을 챙겨야 했던 엄마는 힘든 일이 있을 때마다 그 시절을 떠올리셨던 것 같다. 나도 시간을 되돌려 지금의 내 나이보다 열 살은 더 어렸을 엄마를 만날 수 있다면 얼마나 좋을까. 30대의 엄마는 내가 기억하는 것보다 훨씬 더 젊고 반짝이고 있을 것이다.

난 엄마에게 어떤 일은 일어나게 되어 있고 우린 힘들겠지만 다행히 그 고비를 잘 넘길 테니 걱정하지 말라고 하고 싶다. 너무 희생하면서 살지 말고 자식 일은 빨리 포기하시고 예순 살이 가까워지면서 허리가 많이 아플 테니 미리 칼슘부터 챙겨 드시라고 말하고 싶다.

시간 여행을 하게 된 팀에게 아버지가 알려준 행복의 공식은 이렇다. "평범한 삶을 살아라. 그리고 그 하루를 똑같이 한 번 더 살아라. 그러면 그 하루가 얼마나 소중한지 알게 될 거야." 우린 언제나 뜻하지 않은 일을 만나게 됐을 때야 아무 일없이 지루하게 느껴졌던 지난 일상이 얼마나 감사했는지를 느끼게 된다. 여동생 킷캣의 사고현장으로 달려가던 팀이 떠올린 배즈 루어만의 노래 가사처럼, 미래에 대해 걱정하는 건 풍선껌을 씹어서 방정식을 풀겠다는 것만큼 소용없는 일이다. 내 인생에도 진짜 중요한 사건들은 예상하지 못한 경우가 많았으니까.

'Life is a journey'. 가끔 인생은 여행이라는 말을 떠올린다. 우린 인생이라는 알 수 없는 여행길 앞에서 주어진 오늘 하루를 열심히 살아내면 된다. 지나고 나면 이번 여행은 그런대로 괜찮았다고 추억할 수 있도록.

보라색 컵케이크

보라색은 심리학적으로 볼 때 외향의 빨강과 내향의 파랑이 혼합되어 두 감정이 혼재된 심리를 나타낸다고 한다. 병약하고 아픈 사람이 선호하는 색이라는 얘기도 있고 반대로 숭고하고 신비로운 치유의 색으로 보기도 한다. 부정적일 때는 우울과 불안, 긍정적일 때는 고귀함과 신비로움을 상징하는 색이다.

바람둥이 남자친구 지미로 고생하는 킷캣. 그녀를 위해 메리가 준비한 컵케이크는 보라색이다. 마음이 불안정한 상태—보라색—인 킷캣이 팀의 조언대로 착한 남자를 만난다고 해서 갑자기 다른 색이 될 순 없을 것이다. 하지만 술을 끊고, 착한 남자 제이미를 만나면서 안정을 찾은 건 자신의 문제점을 자각하여 스스로 치유했기 때문이다. 우리가 누군가를 만난다고 해서 다른 사람이 될 수는 없다. 꼭 그래야 하는 것도 아니다. 그저 지금의 킷캣이 상처투성이인 짙은 보라색이라면, 앞으론 조금 더 부드러운 라벤더 빛으로 마음 편하게 지낼 수 있길.

(재료)

케이크 반죽 무염버터 70g, 설탕 80g, 달걀 1개, 플레인 요거트 55g, 박력분 100g, 베이킹파우더 1/2ts, 우유 35g, 보라색 식용색소 적당량

크림치즈 프로스팅 크림치즈 140g, 무염 버터 70g, 슈가파우더 55g, 레몬즙 1ts, 보라색 식용색소 적당량

(만들기)

케이크 반죽

1 실온의 무염버터를 덩어리 없이 푼 뒤, 설탕과 달걀, 플레인 요거트 순으로 넣는다.

2 여기에 체친 박력분과 베이킹파우더를 넣고 섞다가 우유를 넣어 섞는다.

3 보라색 식용색소를 조금 넣어 잘 섞은 뒤, 머핀틀에 머핀지를 깔고 반죽이 70%가량 오도록 담는다.

4 180도로 예열한 오븐에서 20~25분가량 구운 뒤 꺼내서 완전히 식힌다.

크림치즈 프로스팅

1 볼에 크림치즈와 버터를 넣고 덩어리 없이 잘 풀어준다.

2 여기에 슈가파우더를 넣고 섞다가 레몬즙을 넣어 섞는다.

3 완성된 크림치즈에 보라색 식용색소를 조금씩 넣어가며 보라색을 내준다.

4 구운 케이크 시트에 보라색의 크림치즈를 봉긋하게 올라오도록 발라준다.

이웃집에 신이 산다

잠봉뵈르 샌드위치

전지전능하다고 믿은 신이 실은 인간을 얄궂게 괴롭히는 존재라면? '신'의 딸 에아는 인간에게 사망 날짜 파일을 전송한다. 자신의 마지막 날을 알게 된 사람들은 되려 남은 시간을 충실히 보낸다. 그리고 살아오면서 자신이 하지 못했던 것들을 한다. 신은 어쩌면 하늘에 계신 것이 아니라 내 마음속에 있는 건 아닌지.

신은 샌드위치도
두 개로 만드는 기적을

세상엔 남들을 괴롭히길 좋아하는 심술 궂은 사람들이 있다. 그런데 그 심술궂은 사람이 인류를 창조한 신이라면? 영화 〈이웃집에 신이 산다〉는 이런 기발한 아이디어에서 출발한다. 유럽 브뤼셀의 수상한 아파트, 이곳에서는 못된 심보를 가진 신이 살고 있다. 우리가 생각하는 인자하고 자애로운 신과는 전혀 다른 모습으로 인간들을 재미삼아 괴롭히고, 아내와 자식들에게 폭력적인 인물이다. 그의 아들인 J.C(아마도 Jesus Christ)는 이미 열두 사도를 모아 집을 나간 상태다. 이 영화의 주인공은 신의 딸인 에아다. 그녀는 아빠가 폭력적인 것도 싫지만 집 나간 아들 생각만 하는 것도 싫다. 이제 열 살이 된 에아는 말한다. "사람들은 다들 신의 아들 얘기만 하는데, 신에게는 딸도 있고 그 딸이 바로 접니다." 사춘기 딸 에아는 심술궂은 아빠 '신'을 그대로 둘 수 없다고 생각해서 어느 날 아빠를 골탕 먹이고 가출을 결심한다.

이 영화의 재미는 기존에 갖고 있던 '신'에 대한 생각을 전복시킨 데 있다. 우리가 믿고 따르는 신이 우리를 위해 희생한 자애로운 신이 아니라 일부러 우리를 시련과 고난으로 빠뜨리는 신이라는 것이다. 영화 속 신이 만든 황당한 법칙 중에는 '보편 짜증 유발의 법칙'이라는 게 있는데 살펴보면 이렇다. '법칙 2117호, 필요 추가 수면량은 딱 10분 더.' 우리가 아침마다 제 시간에 못 일어나고 10분만 더 자고 싶어 하는 데는 다 이유가 있었다. '법칙 2125호, 빵은 꼭 잼을 바른 면이 바닥에 떨어진다.' 이렇게 되면 바닥에 떨어진 음식을 3초 안에 주워 먹으면 괜찮다는 법칙도 안 통한다. '법칙 2218호. 마트에서 계산할 땐 항상 옆줄이 더 빠르다.' 내가 선 줄이 항상 느리게 느껴지고 내 차선만 밀리는 것 같은 것도 다 신의 뜻이었다! 영화에 나오는 신의 성격을 짐작케 하는 법칙이다.

에아는 먼저 집을 나간 오빠 J.C에게 조언을 구해 그가 미리 해킹해둔 세탁기를 통해 탈출할 계획을 세운다. 그리고 탈출하기 전 아빠의 서재로 가서 인간들의 사망일자가 적혀 있는 파일을 발견하고는 아빠를 골탕 먹이기 위해 인간들에게 죽는 날짜를 문자로 전송한 뒤 집을 나간다. 사람들은 순식간에 빠른 속도로 자신이 죽는 날을 문자로 받게 되고 세상은 대혼란에 빠진다.

자신의 사망 날짜를 알게 된 사람들의 반응은 다양하다. 곧 죽게 될 줄 알았던 노인은 20년이나 더 살 수 있다는 사실에 새로운 희망을 갖게 되고, 당장이라도 죽고 싶었던 사람은 앞으로 살 날이 너무 많이 남았다는 사실에 절망한다. 죽을 날만 기다리며 병상에 누워있던 할아버지가 12년이나 더 살 수 있다는 사실에 안도하는 동안 그를 몇 년이나 돌봤던 간호사는 죽을 날이 64일 남았다는 사실에 억울해서 운다. 사람들은 출근을 거부하고 수명 유출 사태의 여파로 전 세계 분쟁 지역에서 교전이 중단됐다. 언제 죽을지 몰라서 신에게 복종하고 살얼음판 걷듯 긴장하며 살던 이들은 이제 하고 싶은 거 다 하고, 누리고 싶은 거 모두 누리며 일상을 살아간다. 일상을 살기 시작한다.

신에게서 자유로워질 때
일상을 충실히 살아가게 된다

이런 혼돈의 인간세계로 내려온 에아는 자신을 도와줄 여섯 명의 사도를 모아 새로운 신약성서를 쓰기로 한다. 에아가 처음 만난 건 오렐리로라 베린덴 분다. 누구나 첫눈에 반할만큼 아름답지만 그녀는 외롭다. 영화의 표현처럼 버터 같이 부드러운 그녀의 마음에도 작은 잿더미 같은 슬픔이 있다. 그녀는 7살 때 사고로 팔을 잃어서 손이 있어야 할 자리에 600g의 실리콘이 있기 때문이다. 그녀는 한

노숙자가 들려준 "인생은 스케이트장이야. 수많은 사람들이 넘어지거든"이라는 말을 가끔 떠올리며 용기를 내 아침을 시작한다. 에아는 그런 그녀를 위로하며 첫 번째 사도로 삼는다.

두 번째 사도는 장 클로드다. 어릴 때는 위대한 모험가였지만 어느 날 그의 모험이 끝났다. 그가 마트 지하 2층 부지배인의 보조로 사회생활을 시작했기 때문이다. 그는 계속 승진했지만 알량한 시간표와 알량한 업무에 시간을 빌려주다가 정신차려보니 58세가 됐다. 클로드는 자신의 남은 시간을 안 순간 어릴 적 꿈을 떠올리며 모험을 떠나게 된다.

에아는 이후에도 성도착자 마크, 암살자 프랑수아, 외로운 중년 여성 마르틴을 만나며 그들의 이야기를 듣고 그들이 흘린 눈물을 모은다. 에아는 사람들에겐 저마다 자기 음악이 있다며 그들에게 조용히 기대어 그들 각자의 음악을 들려주며 이들을 위로한다.

인생은 스케이트장이야
수많은 사람들이 넘어지거든

에아가 만난 마지막 사도 윌리는 자신에게 남은 시간이 54일 7시간 6분이 남았다는 걸 알게 된 소년이다. 윌리는 자신에게 남은 시간을 확인한 순간 여자가 되기로 결심한다. 그동안 망설였던 커밍아웃을 하고 남은 인생을 여자로 살기로 한 것이다. 어른들이 모두 혼란에 빠져 있을 때 소년은 남은 시간동안 자신이 진짜 원하는 삶을 살기 위해 가장 의연하게 대처한다.

인간의 세상으로 내려와 자신을 돕는 사도를 모으려는 에아는 영화에서 여러 가지 작은 기적을 보여준다. 그런데 여기서 에아가 소년에게 보여주는 기적이 재밌다. 바로 둘이 같이 먹기 위해 하나밖에 없던 잠봉뵈르 샌드위치를 손짓 몇 번으로 두 개로 만드는 기적을 보여주는 것이다. 이렇게 귀여운 기적이라니! 두 개가 된 잠봉뵈르 샌드위치를 하나씩 먹으며 혼란에 빠진 어른들의 세상을 지켜보는 아이들. 세상의 종말을 함께 맞이하며 둘이 함께 잠봉뵈르를 먹는 장면은 무척 따뜻하게 느껴진다.

이 영화를 만든 사람은 자코 반 도마엘Jaco van Dormael 감독이다. 〈토토의 천국〉, 〈제8요일〉, 〈미스터 노바디〉를 만든 감독이기도 한데, 감독의 작품을 본 사람이라면 이 영화의 감성을 더 잘 이해할 수 있을 것이다. 난 이 영화의 대사도 참 좋아하는데, 아픈 소년 윌리가 엄마랑 둘만 있을 때 자신을 바라보는 엄마의 시선을 "정리했다가 다시 쏟아진 압정 상자를 보는 것 같은 난감함"으로 표현하거나, 아름답지만 무표정한 오렐리에게 "대리석 계단 위로 떨어지는 진주 같은 웃음이 필요하다"고 표현하는 것이다. 이런 표현들 덕분에 영화는 보다 서정적으로 느껴진다. 그래서 수명 유출 사태는 어떻게 정리되냐고? 그건 영화에서 확인하시길!

잠봉뵈르 샌드위치

에아가 하나 밖에 없던 잠봉뵈르 샌드위치를 순식간에 두 개로 만든 걸 보고 윌리는 '우아!' 하고 놀란다. 하지만 에아는 가끔은 햄이 빠진다며 시큰둥하게 대답한다. 잠봉뵈르는 프랑스어로 잠봉jambon, 햄+뵈르beurre, 버터라는 뜻의 말 그대로 햄 버터 샌드위치다. 우리나라에 버터를 두툼하게 잘라 넣는 '앙버터'가 유행하면서 잠봉뵈르 역시 버터를 꽤 두툼하게 잘라 넣어 만드는 스타일이 유행했다. 하지만 질 좋은 버터라도 지방 함량이 높은 버터이기에 칼로리는 조심하시길. 콜레스테롤이 두려운 분들에게는 버터 대신 치즈를 넣은 햄 치즈 샌드위치인 '잠봉 프로마쥬'를 권한다.

재료

바게트 1개, 잠봉 50g, 버터 50g, 루꼴라 한 줌, 머스터드 2큰술, 꿀 1큰술.

만들기

1 바게트는 반으로 갈라 오븐에 굽거나 프라이팬에 노릇하게 굽는다.

2 차가운 상태의 버터는 납작한 직사각형으로 잘라서 준비한다.

3 루꼴라는 깨끗하게 씻어서 물기를 완전히 털어 준비한다.

4 구운 바게트에 머스터드와 꿀을 섞어 바르고 잠봉과 버터, 루꼴라를 얹은 뒤 나머지 한쪽 면을 덮는다.

더 플랫폼

판나코타

수직감옥인 플랫폼에는 각 층별로 두 명의 수감자가 있다. 레벨 0에서 지하로, 음식이 가득 담긴 거대한 식탁이 내려온다. 최고급 요리를 최고의 요리사들이 만들어 생존에 필요한 음식을 제공한다. 윗층에서 먹다 남은 걸 먹을 수밖에 없는 아래층 사람들. 한 달에 한번씩 방은 재배정되지만, 그것은 희망이 될 수 없다. 끝없는 생존 게임으로 피폐해진 이들에게 필요한 것은 어떤 음식일까.

그 음식을 먹은 아이는
희망이 되었다

흔히 음식 영화라고 하면 따뜻한 색감에 먹음직스러운 음식이 나오고 위로가 되는 내용을 담은 힐링 무비를 먼저 떠올리는 경우가 많다. 대체로 맞다. 특히 2000년대 이후 일본영화의 한 흐름처럼 자리 잡은 음식 영화는 주로 이런 힐링 서사를 담고 있다. 국내에 이런 음식 영화가 인기를 끈 건 오기가미 나오코 감독의 〈카모메 식당〉(2007)이라고 볼 수 있는데, 핀란드 헬싱키에 정착하기 위해 시나몬 롤을 굽고 오니기리를 만드는 세 여자의 이야기는 당시의 휘게hygge, 라곰Lagom, 소확행小確幸 등 소박한 삶의 여유를 갖는 라이프 스타일 트렌드와 맞물려 큰 인기를 끌었다. 하지만 일본의 음식 영화가 모두 이런 것은 아니다. 일본 음식 영화의 효시라고도 볼 수 있는 이타미 주조 감독의 〈담뽀뽀〉

(1985)만 하더라도 최고의 라면을 만들겠다는 주인공의 열정이 주된 이야기지만, 독립된 에피소드들을 통해 음식을 둘러싼 탐욕, 기쁨, 관능, 허위의식 등의 이야기를 풀어낸다.

영화 속 음식은 다양한 상징을 지니면서 등장한다. 음식영화의 대표작으로 손꼽히는 이안 감독의 영화 〈음식남녀〉에서 중국음식은 전통문화와 세대 간의 차이를 표현하는 동시에 식욕과 성욕이라는 인간이 지닌 본성을 나타낸다. 스탠리 투치 감독의 영화 〈빅 나이트〉에서는 미국으로 이민 온 이탈리아계 형제가 만들어내는 음식을 통해 문화의 차이를 보여준다. 영화 속 음식은 인물의 감정에서부터 사회 문화적 관점까지 다양하게 포괄하며 영화의 메시지를 전달한다.

생존 앞에서 그들은 미식이 아닌 본성을 드러냈다

스페인 영화 〈더 플랫폼〉에서는 음식으로 철저하게 인간 사회의 계급을 나타내며 '음식이라는' 한정된 자원을 두고 싸우는 인간 본성을 다룬다. 주인공 고렝이반 마사구에 분은 수직감옥 '플랫폼'에서 6개월만 버티면 학위를 준다는 말에 자발적으로 들어오게 된다. 그는 이 안에 있는 동안 담배를 끊고 책이나 읽으며 6개월 버티다가 학위를 하나 따서 나갈 생각으로 왔다. 하지만 이곳은 감옥인 만큼 범죄를 저질러서 수감된 이들이 많다. 고렝이 수감된 48층을 함께 쓰게 된 트리마가시조리온 에귈레오 분는 살인죄로 들어온 노인으로 그는 고렝에게 이 수직감옥은 지하로 길게 뻗어 있으며 한 층에 두 사람씩 수감되어 있다는 사실과 한 달에 한 번 쓰는 방이 무작위로 바뀐다는 사실을 알려준다. 배식은 맨 위층부터 시작되는데, 전체 수감자들이 먹을 수 있는 음식을 한 번에 차린 테이블이 0층부터 순서대로 지하 아래층까지 내려가게 된다. 현재 지하 48층에 있는 고렝은 47층까지의 사람들이 먹고 남긴 걸 먹게 되는 것이다. 당연히 아래층으로 내려갈수록 음식의 양은 적어지고 형편없어진다. 고렝은 남들이 먹다가 남긴 음식을 먹어야 된다는 사실에 역겨워하지만, 이런 상황에 익숙한 트리마가시는 테이블에서 와인을 발견하고는 위층에는 무슬림이 많고 술을 좋아하는 사람은 적은 모양이라며 좋아한다. 이미 들어온 지 1년이나 돼서 여러 층에 머물러 본 트리마가시는 중간층에 머무는 게 가장 좋다고 얘기한다. 위쪽에 올라가면 음식은 마음껏 먹지만 더 이상 기대할 것이 없어져 생각만 많아지고 결국 자살하는 사람도 생긴다는 것이다.

영화 〈더 플랫폼〉을 보실 분들에게 미리 얘기하자면 이 영화는 '청소년 관람불가'다. 앞서 얘기한 음식을 통한 힐링이나 위로, 따뜻한 느낌은 조금도 찾아볼 수 없다. 대신 그 자리에 살인과 식인 풍습, 유혈이 낭자하다. 그럼에도 이 영화를 소개하는 이유는 우리의 생존에 가장 필수적이며 원초적인 음식이 지닌 사회적 불평등의 속성을 영화가 잘 묘사하고 있기 때문이다. 음식은 문화자본이기도 하지만 철저히 경제자본이기도 하다.

수직감옥의 돈키호테 고렝은, 유토피아를 실현할 수 있을까

영화는 고렝이 머무는 층마다 받게 되는 테이블을 통해 그가 처한 상황을 보여준다. 고렝이 중간층에 해당하는 지하 48층에 있을 때는 그런대로 생활했지만, 그보다 더 아래인 171층에서 깨어나자 예상치 못한 상황이 눈앞에 펼쳐진다. 자신의 몸은 침대에 꽁꽁 묶여 있고 칼을 든 트리마가시가 그 앞에 있는 것이다. 두 사람이 49층에 있을 때는 서로 책을 읽어주기도 하고 편하게 이야기를 나누던 사이였지만 이젠 상황이 달라졌다. 트리마가시는 그간의 경험으로 더 아래층으로 내려갈수록 서로 죽고 죽여야 하는 상황이 발생할 수도 있으며, 지하 171층은 먹을 게 없기 때문에 며칠 후 고렝을 먹을 수 있다는 끔찍한 생각까지 한 것이다. 아래층, 지하로 갈수록 잔혹한 인간 본성이 드러나고 사람들의 비명소리로 가득하다.

그 다음 시간이 흘러 고렝이 배정받게 된 곳은 33층이다. 여기서 그는 감옥의 관리인이었던 여성 이모구리이안토니아 산 후안 분를 만나게 된다. 그녀는 고렝이 수직감옥에 들어올 때 접수를 받고 안내했던 여자로 암에 걸려 곧 죽을 것이기에 마지막으로 수직 감옥 사람들을 돕고 시스템을 바꿔보기 위해 자발적으로 들어왔다. 사실 플랫폼에서의 음식은 전혀 부족하지 않다. 각 수감자가 자신의 몫만큼만 음식을 먹으면 맨 아래층까지 가는데 문제가 없다. 사람들이 필요 이상으로 먹어대며 탐욕스러운 모습을 보이는 것이 문제

다. 이모구리이는 문제를 해결하기 위해 1인당 1인분만 먹자며 자신의 음식을 먹은 뒤 접시 두 개에 다음 사람이 먹을 음식을 담는다. 이렇게 모든 사람이 할당량을 지키면 아래층까지 골고루 먹을 수 있다는 것이다. 그러나 이런 자발적인 연대의식은 지켜지지 않고 결국 그녀도 죽게 된다.

이후 고렝은 상위 층인 6층까지 오게 된다. 그의 눈앞에는 상상할 수 없던 진수성찬이 펼쳐진다. 엄청나게 큰 케이크와 메론, 파인애플 등 싱싱한 과일이 놓여있고 랍스터를 비롯한 산해진미들이 가득하다. 그가 아래층에 있을 때는 꿈꿔본 적 없는 식탁이다. 고렝은 이 거대한 식탁 앞에서 갈등하다가 룸메이트인 바하랏에게 이상적인 분배 시스템에 대해 이야기하며 그를 설득하기 시작한다. 처음엔 회의적인 태도를 보이던 바하랏은, 결국 고렝의 의견에 동의하며 둘은 평등한 배식을 실천하기로 한다. 고렝과 선하고 순박한 바하랏은 마치 돈키호테와 산초처럼 이상적인 분배를 하기 위해 무모해 보이는 여정을 시작한다.

그들이 지켜 올려 보낸 건 달콤한 푸딩이 아닌 희망이었다

두 사람은 음식을 분배하며 내려가다가 한 현자를 만난다. 그는 두 사람에게 수직감옥을 관리하는 조직에서는 당신들의 이런 행동을 모를 테니 손을 대지 않은 하나의 음식, 판나코타를 지켜낸

EL INGENIOSO
HIDALGO
QUIJOTE
DE LA MANCHA
MIGUEL DE
CERVANTES
SAAVEDRA

뒤 그 음식을 맨 위로 다시 올려 보내라고 한다. 그것이 수직감옥을 운영하는 조직에게 변화의 메시지를 전하는 방법이라는 것이다. 고렝은 판나코타를 지켜내며 플랫폼의 바닥까지 내려가고, 그곳에서 예상하지 못했던 한 소녀를 만나게 된다. 그리고 배고픈 소녀에게 판나코타를 건네고, 판나코타 대신 그 소녀를 희망의 메시지로 올려 보내게 된다.

영화 〈더 플랫폼〉의 아이러니는 시스템 내에 있는 모든 죄수를 만족시키기에 충분한 식량과 자원이 있지만 음식이 부족하다는 것이다. 영화는 상위 층의 일부 사람들이 이것을 독점하고 과잉 소비함으로서 불평등으로 이어지는 과정을 보여준다. 감독이 이 영화를 "부의 분배에 관한 영화"라고 이야기했듯이, 영화는 계급투쟁과 자본주의의 우화처럼 보인다.

중간에 불편한 장면들도 있지만 영화는 긴장감 있게 흘러간다. 만약 영화 〈더 플랫폼〉을 재밌게 봤다면 비슷한 느낌의 단편영화도 하나 추천한다. 〈시카리오〉, 〈컨택트〉, 〈듄〉을 만든 드니 빌뇌브 감독의 영화 〈다음 층〉Next Floor이다. 화려한 음식으로 가득 찬 테이블 주위에 둘러 앉아 폭식을 하는 장면으로 시작하는 이 영화 역시 탐욕스러운 인간에 대한 경고처럼 느껴진다. 러닝 타임 11분짜리 단편으로 유튜브에서 쉽게 찾아볼 수 있다.

판나코타

영화 속에서 고렝과 바하랏이 지켜내야 하는 음식 판나코타panna cotta는 대표적인 이탈리아 디저트다. '판나panna'는 이탈리아어로 '크림cream'을, '코타cotta'는 '익힌cooked'을 의미하며, 이름 그대로 직역하면 '익힌 크림'이라는 뜻이다.

판나코타는 특별한 조리도구가 없어도 집에서 쉽게 만들 수 있다. 아래 레시피에는 화이트 초콜릿을 넣어 풍미를 살렸는데, 만약 화이트 초콜릿이 없다면 레시피에서 화이트 초콜릿을 빼고 설탕을 20g 더 첨가해서 만들면 된다. 취향에 따라 딸기나 복숭아 등 과일 토핑을 얹거나 잼이나 시럽을 곁들여도 좋다.

영화 속에 등장하는 판나코타와 똑같이 만들고 싶다면, 판나코타 틀을 이용해서 아래 레시피와 똑같이 만든 뒤에 틀에서 뒤집어 꺼내면 된다.

재료

우유 250ml, 생크림 120ml, 설탕 20g, 젤라틴 5g, 화이트 초콜릿 35g

만들기

1 젤라틴은 차가운 물에 20분 이상 불려서 준비한다.

2 냄비에 우유와 설탕을 넣고 끓인 뒤, 다진 화이트 초콜릿에 붓고 녹
  인다.

3 여기에 ①의 불린 젤라틴을 꼭 짜서 넣어 녹인 뒤 미지근한 정도로 식
  힌다.

4 생크림은 거품기를 이용해 약간 단단하게 해서 ③에 나눠 넣고 섞는다.

5 용기에 크림을 붓고 냉장고에서 3~4시간 완전히 굳힌다.

로맨틱 레시피

하산의 오믈렛

인도 뭄바이에서 프랑스 남부로, 주인공 하산과 그의 가족은 고향에서 식당을 운영하던 경험으로 인도 요리점을 오픈한다. 그런데 하필 맞은편에는 미쉐린 별을 받은 프랑스 요리 전문점이 있다. 하산의 '메종 뭄바이'는 인도 요리에 대한 프랑스 사람들의 선입견을 견뎌낼 수 있을까?

국경만큼이나 먼
이국 음식

　　　　　　　　가끔 영화의 원제목을 찾다보면, 원래 제목과 다른 국내 개봉명에 '아니, 이런 센스가!' 싶을 때도 있지만 "아…, 이건 원제목의 느낌을 못 살려서 아쉬운데…" 싶을 때도 있다. 그럴 수밖에 없었던 데는 나름의 이유가 있겠지만 아쉽게도 〈로맨틱 레시피〉는 후자다. 이 영화의 원제목은 〈The Hundred-Foot Journey 백 피트의 여행〉인데, 영화를 보면 원제목이 얼마나 탁월한지 알 수 있다.

200년이 됐으면 바뀔 때도 됐다

　　영화는 인도 뭄바이에서 식당을 운영하던 하산 매니쉬 다알 분의 가족이 폭동으로 모든 것을 잃고 고향을 떠나 프랑스 남부의 작은 마을에 도착하는 것으로 시작된다. 온 가족이 덜컹거리는 차에 타고 산길을 달리다가 사고까지 나는데, 다행히 길을 지나던 마거리트샬롯른분에게 발견이 되고 친절한 그녀의 집에 잠시 머물게 된다. 배고픈 낯선 이방인을 위해 그녀는 직접 구운 빵과 마당의 올리브 나무에서 짠 오일, 뒷마당의 암소 젖으로 만든 치즈 등을 내놓는다. 하산의 가족은 눈이 휘둥그레진다. 조금 전까지 그들은 영국의 채소에는 영혼이 없다고 불평했는데, 프랑스의 싱싱한 식재료에 푹 빠지게 된 것이다. 하산의 아버지는 이곳이야말로 가족이 정착해야 할 곳임을 느끼고 여기에 식당을 열기로 결심한다. 이내 가족의 반대가 시작된다. 왜냐면 이들이 인도 음식점을 열려는 곳에서 불과 30m 떨어진 곳에 이 마을에서 가장 유명한 프렌치 레스토랑이 있기 때문이다.

이 레스토랑으로 말하자면 이미 미쉐린 별을 받은 맛집인 데다가 프랑스 대통령의 단골집으로도 유명한 곳이다. 그런데 바로 그 앞에 프랑스인들에게는 낯선 인도 음식점을 열겠다니, 그건 무모한 도전이라고 생각한 것이다. 하지만 아버지의 자부심은 다르다. 프랑스인들이 인도 음식을 안 먹는 이유는 '못 먹어 봤기' 때문이라는 것이다. 세계에서 가장 역사가 긴 인도에서 먹는 음식을 사람들이 싫어할 리 없으며 아들 하산의 요리 실력에 대한 자부심도 엄청나서 하산이 요리한 탄두리 염소 구이와 캐슈너츠 넣은 치킨 커리를 먹어보면 분명히 좋아할 것이라는 입장이다.

프랑스 레스토랑 '솔 플뢰르'를 운영하는 말로리헬렌 미렌 분 여사도 하산의 아버지와 다르지 않다. 그녀 역시 프랑스 요리에 대한 자부심으로 똘똘 뭉쳐있다. 프랑스 요리는 우아하고, 섬세하며, 기품 있는 세계 최고의 요리라고 생각하고 그에 반해 인도 요리는 패스트푸드 아니냐며 은근히 폄하한다. 말로리 여사의 이런 태도는 타문화에 대한 몰이해와 편견을 그대로 보여준다.

두 가게의 대결은 하산의 가족이 '메종 뭄바이'를 오픈하면서 본격적으로 활활 타오른다. 말로리 여사는 오픈식 메뉴를 미리 알아낸 뒤 이를 방해하기 위해 시장에서 필요하지도 않은 민물가재며 버섯 등 모든 재료들을 사버린다. 이에 분노한 하산의 아버지는 말로리 여사의 중요한 행사를 망치기 위해 그날의 하이라이트 요리인 '송로버섯을 곁들인 비둘기 요리'를 하지 못하도록 시장에서 비둘기 고기를 모두 사버린다. 계속 이어지던 그들의 갈등은 프랑스 대혁명을 기념하는 바스티유 데이에 폭발한다.

하산은 요리에서만큼은 '각'을 세우지 않는다

서로 다른 문화권에 속해있는 프랑스와 인도의 음식은 매우 다르다. 인도는 음식문화에 있어서 종교적인 영향이 짙고 타 지역에 비해서 많은 향신료를 사용한다. 여전히 바닥에 앉아서 손으로 음식을 먹는 사람들도 많고 이것 역시 그들의 식문화 중 일부다. 반면 프랑스는 과도한 향신료를 사용하지 않고 식사하는 과정에 있어서 길고 복잡한 테이블 매너를 지니고 있다. 프랑스에서 음식은 세련됨을 표현하는 수단이기도 하다.

두 사람의 갈등을 중재하는 건 주인공 하산이다. 어릴 때부터 타고난 미각을 갖고 있는 하산은 요리를 정말 좋아하는 인물이다. 하산이 어떤 사람인지는 영화의 도입부에 나오는 공항의 입국심사 장면에서도 알 수 있다. 입국심사원이 그에게 직업이 뭐냐고 묻자, 그는 요리사cook라고 대답한다. 보통 우리가 요리사를 표현할 때 전문요리사chef라는 말을 많이 쓰는데 cook은 조금 다르다. chef가 제도화 된 교육을 받은 요리사를 뜻한다면 cook은 보다 폭넓은 의미의 요리사를 지칭하는 말로 엄마는 cook이 될 수 있지만, chef가 되긴 어렵다(물론 직업이 chef인 엄마도 있겠다). 입국 심사원이 당신이 요리사라는 증명서가 있냐고 묻자, 하산은 종이 증명서 대신 종이로 싼 사모사를 보여준다. 사모사samosa는 인도의 대표 음식 중 하나로 야채와 감자를 넣고 빚어서 기름에 튀긴 인도식 만두인데, 이 장면에서 우린 그가 요리에 대한 정규교육을 받지는 못했지만 인도 음식에 대한 애정과 자신이 만든 음식에 자부심이 있는 사람이라는 걸 알 수 있다.

하산은 프랑스 요리가 최고라고 믿는 말로리 여사를 대할 때도 각을 세우지 않는다. 타문화에 대해 열린 태도를 가진 그는 프랑스에 왔으니 프랑스 요리를 배우고 싶어 한다. 하산을 돕는 건 '솔 플뢰르'에서 일하는 셰프 마거리트다. 그녀는 처음부터 하산의 가족을 환대하는 걸 시작으로 하산이 성장할 수 있도록 돕는 따뜻한 인물이다. 그녀는 하산에게 프랑스인들에게 미쉐린 별이 왜 중요한지 알려주고, 프랑스의 다섯 가지 모체소스인 베샤멜, 에스파뇰, 벨루테, 홀랜다이즈, 토마토소스에 대해서도 설명한다.

타고난 요리 재능을 지닌 하산은 프랑스 요리를 흡수해 '하산식 뵈프 부르기뇽Beef Bourguignon à la Hassan'이라는 화해의 음식을 만들어낸다. 뵈프 부르기뇽은 와인을 듬뿍 넣어 끓인 부르고뉴식 소고기 스튜인데, 하산은 여기에 인도의 향신료를 넣어 자신만의 요리를 만들어 낸다. 그때까지 하산이 프랑스 요리를 배우는 것마저 반대하던 아버지는 결국 아들의 실력을 인정하게 된다. 두 문화를 중재한 그의 요리가 정점에 달했을 때, 그는 파리의 유명한 분자 요리 레스토랑 'La Baleine Grise'으로 스카우트 된다. 이곳에서 만드는 창의적인 요리는 프랑스와 인도의 음식이 결합해야만 만들어질 수 있는 음식들로 그가 만들어 내는 음식은 서로 다른 문화에 대한 존중이기도 하다.

원제목인 〈The Hundred-Foot Journey〉에서도 나타나듯 두 레스토랑의 거리는 불과 100피트, 약 30m정도에 불과하지만, 이들의 심리적 거리는 여행journey라는 표현을 쓸 정도로 멀다. 이 거리는 두 레스토랑의 물리적인 거리일 뿐만 아니라 젊은 요리사인 하산이 성공하기 위해 극복해야 하는 인도와 프랑스 문화 사이의 간극이기도 하다.

자, 그리고 이쯤에서 고백하자면 난 이 영화를 주제로 논문을 하나 썼다. 논문을 쓰기 위해 분석했던 영화를 다시 말랑말랑한 시선으로 바라보려니 조금 어려웠다. 글이 살짝 딱딱해진 이유다. 〈로맨틱 레시피〉는 음식을 통해 개인의 정체성뿐만 아니라 특정 음식이 주인공의 연대기적 성장과 관련이 있음을 보여주며 사회, 문화적 의미를 담아낸다. 음식을 통한 스토리텔링이 가능함을 보여주는 좋은 사례다. 혹시 이 영화 속 음식에 대한 이야기가 더 궁금하신 분들은 학술연구정보서비스에서 해당 논문을 검색해 읽어봐주시길, 참고로 이 영화에는 로맨스도 있다!

하산의 오믈렛

말로리 여사는 직원을 뽑을 때 면접 대신 오믈렛을 만들어 보라고 한다. 오믈렛을 한 입 먹어보면 그 요리사가 성공할지 아닐지 한 번에 알 수 있다는 것이다. 하산이 만든 오믈렛의 결과는? 당연히 합격이다. 말로리 여사는 정통 프랑스 오믈렛과 다른 하산의 오믈렛에 "왜 200년이나 된 레시피를 바꾸냐"고 묻고, 하산은 "200년이 됐으면 바뀔 때도 됐다"고 대답한다.

오믈렛은 내가 아침에 즐겨 만드는 메뉴다. 안에 들어가는 채소를 미리 다져서 통 안에 넣어두면 바쁜 아침에 간편하게 만들 수 있다. 더 맛있게 만들고 싶다면 이 안에 치즈를 넣을 것을 추천한다. 따뜻할 때 먹으면 치즈가 살짝 늘어나면서 고소한 맛이 더해지는데, 어떤 치즈든 좋지만 에멘탈이나 그뤼에르면 더 좋다.

달걀 3개, 우유 1큰술, 소금 1/4작은술, 당근 1/4개, 양파 1/4개, 파프리카 1/4개, 버섯 2개, 식물성 오일 1/2큰술, 버터 1/2큰술, 소금 약간

만들기

1 당근, 양파, 파프리카, 버섯은 잘게 썰어서 준비한다.
2 달걀 3개에 우유와 소금을 넣은 뒤, 멍울이 없도록 곱게 풀어서 준비한다.
3 달군 팬에 식물성 오일과 버터를 넣어 녹인 뒤, 준비된 채소를 잘 볶다가 소금으로 간한다.
4 ②에서 만든 달걀 혼합물을 붓고 저어가며 익히다가 끝에서부터 반달 모양으로 접는다.

범죄도시

마라룽샤

형사들이 자장면이나 국밥을 먹는 이유는 잠복근무하면서 빠르게 끼니를
때울 수 있기 때문이다. 그러나 쫓기는 입장인 조폭 역시 마음 편히 식사할
수 있는 건 아니다. 영화 〈범죄도시〉에서는 '마라룽샤'를 양손에 쥔 조폭이
등장한다. 민물가재의 껍질을 다소 거칠게 까야 하기 때문에 어쩐지 이 음식
을 먹는 모습이 야생적으로 느껴지기도 한다. 그리고 마라룽샤의 검붉은 양
념은 앞으로 일어날 핏빛 상황을 예고하는 것만 같다.

얼얼하게 매운데
화끈하게 먹더라

"아니, 그 영화는 왜 뭔가 먹으려고만 하면 들이닥치는 거야?" 영화 〈범죄도시〉를 본 친구의 말이다. 듣고 보니 그렇다, 등장인물들이 편하게 식사를 하도록 내버려두지 않는다. 자장면을 먹으려고 나무젓가락을 비비고 있으면 갑자기 누군가 들어오고, 밥을 한 숟갈 뜨려고 하면 불청객이 들이닥친다. 이때의 희생양은 대체로 장이수^{박지환} 분이고 들이닥치는 쪽은 마형사^{마동석} 분이다. 시리즈를 이어갈수록 두 사람의 케미가 재밌게 느껴지는데, 마형사는 장이수를 사람답게 만들겠다며 바꾸려고 하지만 장이수는 전혀 바르게 살 마음도 없다는 점에서 이들이 일으키는 불협화음이 재밌다.

처음 영화 〈범죄도시〉가 나왔을 때, 이 시리즈가 이렇게 오래 사랑받을 줄 누가 알았을까. 매번 천만관객을 돌파하며 한국형 프랜차이즈라는 말이 나올 정도로 〈범죄도시〉의 브랜드 가치는 높아졌다. 이 영화의 스토리는 단순하다. '조폭 잡는 형사 이야기'다. 복잡하지 않고 단순한 스토리가 주는 단순 명쾌한 매력과 평소에는 '마블리'로 불릴 만큼 순둥순둥해 보이지만 맨주먹 한방으로 상대를 화끈하게 제압하는 마동석의 속시원한 액션도 인기 요인 중 하나일 것이다.

2017년 〈범죄도시〉의 시작을 알린 1편은 하얼빈에서 넘어와 세력을 장악한 조선족 장첸윤계상 분과 그를 잡으려는 마형사를 비롯한 강력반의 '조폭 소탕작전'으로 전개된다. 주인공이 조선족인데다가 가리봉동 일대 차이나타운을 배경으로 하다 보니 이들의 식사엔 중국 음식이 자주 등장한다. 장이수와 마형사가 시장에서 사먹는 중국호떡과 꽈배기 씬도 인상적이다. 마형사가 장이수를 불러서 룸살롱에서 벌어진 폭력 사건의 범인을 잡아오라고 얘기하는 장면인데, 둘이 꽈배기를 하나씩 먹었을 뿐인데 가격은 8만 4천원! 놀란 장이수가 왜 이렇게 비싸냐고 묻자 마형사는 80개는 포장했다며 계산은 네가 하라고 강매하는 장면이 웃음을 자아낸다. 센 척하지만 허술한 캐릭터나 진지한 상황에서 벌어지는 유머 역시 이 영화의 매력이다. 실제로 이 영화의 공약이 관객 수 500만이 넘으면 배우들이 극장에서 꽈배기를 나눠주는 것이었다고 하니 이 장면이 나만 인상적이었던 건 아니었나 보다.

음식도, 먹는 방식도
친숙하진 않았지만

조선족이 운영하는 중국집에서 경찰들과 장첸 일파가 처음 만날 때 먹고 있던 휘궈도 기억에 남는다. 휘궈는 흔히 중국식 샤브 샤브라고 불리는 음식으로 탕에 고기와 야채를 넣고 살짝 데쳐서 먹는 음식이다. 어느 순간부터 국내에서 인기를 끌기 시작하더니 이제는 마라탕과 더불어 우리에게 친숙한 중국 음식이 됐다. 휘궈의 기원에 대해서는 여러 설이 있는데 오래 전 몽골 지역의 유목민들이 끓는 물에 양고기를 데쳐 먹은 데서 시작됐다는 설이 유력하다.

휘궈는 지역마다 만드는 방법과 재료도 다른 음식이다. 매운 향신료가 발달한 쓰촨 지역에선 매운 육수를 쓰고, 베이징 지역에서는 맑은 육수를 사용한다. 중국 샤오싱으로 출장을 다녀온 친구는 우리나라에서 먹던 휘궈와 다른 맛에 깜짝 놀랐다는 이야기를 들려줬는데, 오히려 그 넓은 중국 땅에서 획일화 된 조리법을 찾는 게 더 어려울 것이다. 우리가 자주 볼 수 있는 휘궈는 태극 모양으로 나뉜 냄비에 한쪽에는 얼얼한 홍탕이, 다른 한쪽에는 담백한 백탕이 담겨 나오는 원앙 휘궈다. 요즘은 토마토, 버섯, 옥수수 등을 베이스로 한 휘귀를 즐기기도 하던데, 역시 음식도 시대에 따라 진화한다.

그래도 영화 〈범죄도시〉 전 시리즈에서 가장 히트 친 음식을 꼽으라면 역시 마라룽샤가 아닐까. 이 영화 때문에 마라룽샤라는 음식을 알게 됐다는 사람도 적지 않다. 원사장이 새로 짓는 호텔의 주도권을 쥐기 위해 장첸에게 작업 의뢰를 하는데, 장첸이 이들이 식사하는 자리에 찾아와 회장과 브로커에게 돈을 더 요구하는 장면에서 마라룽샤가 등장한다. 장첸이 손에 비닐장갑을 끼고 시뻘건 새우의 머리를 비틀어 먹는 이 장면은 관객들에게 '저게 무슨 요리야?' 라는 호기심을 일으키기 충분했다.

모양새도, 먹는 방식도
어쩐지 이끌린다

마라룽샤는 쓰촨식 매운 소스인 '마라'에 민물 가재 '룽샤'를 넣고 볶는 민물가재 볶음 요리다. '마라'는 얼얼하게 마비시킨다는 뜻의 마麻, 매운 맛을 뜻하는 라辣를 합친 말로, '마라'라는 재료가 따로 있는 것이 아니라 '얼얼하고 매운맛'을 뜻한다. 마라의 맛을 내기 위해 가정마다 조리법은 다르지만 팔각이나 정향, 화자오, 고추 종류를 갈아서 사용한다.

〈범죄도시〉 속 마라룽샤는 영화의 긴장감을 유지하는 데 적절

하게 사용됐다. 가재는 익히면 붉은색인 데다가 마라소스 또한 검붉은색으로, 피 튀기는 장면들이 많은 이 영화에 어울린다. 게다가 포크나 젓가락을 이용해서 먹을 수 있는 것이 아니라 손으로 껍질을 뜯어 먹어야 한다는 점에서 이 영화의 야생적인 분위기와도 닮았다.

영화가 개봉된 뒤 마라롱샤에 대한 관객들의 호기심도 올라갔는데, 이는 〈범죄도시〉 개봉 이후 마라 관련 키워드 검색량이 급증한 데서도 알 수 있다. 흔히 국내에 마라가 유행하게 된 여러 이유를 설명할 때, 국내 체류하는 중국인의 증가와 불황에 따른 매운맛 선호 등을 꼽는데, 영화나 TV 등을 통한 중국음식의 미디어 노출도 이러한 현상이 발생한 이유 중 하나일 것이다.

맵고 얼얼한 가재 볶음 요리인 마라롱샤는 중국에서는 가정식으로도 즐긴다지만 우리 주변에서는 손쉽게 찾아보기 어려운 음식이다. 난 영화를 본 뒤, 영화 속에 등장한 마라롱샤를 직접 만들었다는 광진구 중국집을 찾았다. 건대 근처 양꼬치 골목에 위치한 이 집은 이미 〈범죄도시〉의 흔적이 가득했다. 마라롱샤는 은근히 먹기 힘든 음식이다. 맛은 있지만 크기에 비해 살이 적고 껍질이 단단해서 까기가 어려워서 끼고 있던 비닐장갑은 금방 구멍이 났고 손끝이 찔리기도 했다. 중국에는 란런경제(중국어로 '게으른 사람'을 의미하는 '란런懶人'에 '경제'를 합성한 신조어)의 영향으로 마라롱샤 껍질을 대신 벗겨주는 아르바이트가 있다는 얘기를 들었는데, 절실해지는 순간이었다.

영화 〈범죄도시〉 1편에서는 주인공이 조선족이라 중국 음식이 다수 등장했다면 〈범죄도시〉 2편에서는 베트남에 있는 주인공 강해상손석구 분이 과자를 먹으면서 등장한다. 마치 아이가 과자를 먹는 것처럼 순수한 악의 느낌을 표현한 것 같다고 할까. 물론 베트남이 배경인 만큼 반미 샌드위치도 나온다. 〈범죄도시〉 3편에서는 주성철이준혁 분이 위스키 바에 가는 장면이 나오는데, 조폭 영화에서 위스키 바는 대체로 접대용 술자리이거나 그들이 권력자임을 암시하는 경우가 많다.

〈범죄도시〉 4편에서는 고급 한정식 집에서 장동철이동휘 분이 식사하는 장면과 경찰서에서 형사들이 급하게 짜장면으로 끼니를 때우는 장면을 이어 붙여서 이들이 처한 다른 현실을 보여준다. 계속해서 천만기록을 세우고 있는 영화 〈범죄도시〉, 앞으로 몇 편의 범죄도시를 더 보게 될지 궁금하다.

마라롱샤

한때의 인기로 끝나지 않을까 했던 마라 열풍은 계속되고 있다. 영화 〈범죄도시〉의 마라롱샤에 도전하실 분들을 위해 조리법을 소개한다. 시판 마라롱샤 소스가 나와 있어서 민물가재 손질만 끝나면 보기보다 만들기 어렵지 않다. 취향에 따라 중국당면이나 푸주 등 좋아하는 재료를 더 넣어서 푸짐하게 만들어 보자.

(재료)

민물가재 800g, 마라롱샤 소스 1팩, 맥주 1캔(330ml), 대파(흰 부분)1대,
건고추 2개, 홍고추 1개, 청고추 1개, 다진마늘 2큰술, 다진생강 1큰술,
고량주(혹은 소주) 1/4컵, 식용유 3큰술

(만들기)

1 민물가재는 흐르는 물에 씻어 다리와 수염은 잘라주고, 솔로 이물질이
  없도록 세척한 뒤 물기를 제거한다.

2 대파는 비스듬히 썰어두고 고추는 2cm 두께로 잘라둔다.

3 팬을 달군 뒤 식용유를 붓고 다진 마늘과 다진 생강을 넣어 향을 충분
  히 낸 뒤, 손질한 대파와 건고추를 넣어 볶는다.

4 손질한 민물가재를 넣고 가재 색이 변할 때쯤 고량주를 넣어 비린내와
  잡내를 잡는다.

5 마라롱샤 소스와 맥주를 넣고 센 불에서 팔팔 끓인 뒤 약불에서 졸여
  소스가 자작할 때까지 끓인다.

6 국물이 졸아 들면 채 썬 고추와 후추를 넣고 잘 섞어준다.

케이크 메이커

블랙 포레스트 케이크

달콤한 케이크에 복잡한 사연이랄까. 〈케이크 메이커〉는 파티셰와 손님의
이야기로 시작한다. 은밀한 관계를 이어가던 둘은 손님인 오렌의 죽음으로
다른 국면을 맞이한다. 파티셰 토마스는 손님이던 오렌의 추억을 되찾기 위
해 이스라엘의 예루살렘으로 향하고, 오렌의 아내를 만난다. 그리고 그녀의
생계를 위해 케이크와 쿠키를 만들며 돕기 시작한다.

층층이 쌓인 케이크 시트처럼
겹겹이 쌓여 가려진 관계

베를린의 한 베이커리 카페에 손님이 들어선다. 남자는 한 손에 작은 캐리어를 들고 있는 것으로 보아 여행이나 출장을 온 것 같다. 남자는 쇼케이스 안을 들여다보면서 뭘 먹을까 생각하다가 메뉴 추천을 부탁한다. 손님의 취향을 알고 있는 것 같은 파티셰는 잠깐 고민하다가 블랙 포레스트 케이크가 어떠냐고 묻고, 남자는 블랙 포레스트 케이크 한 조각과 아내가 좋아하는 시나몬 쿠키 한 박스, 더블 에스프레소를 주문한다. 이곳의 케이크가 맛있어서 베를린에 올 때마다 여기를 제일 먼저 들른다고 말하는 다정한 손님과 친절한 카페 주인. 난 이 영화가 시작될 때 앞으로 전개될 내용을 전혀 예상하지 못했다.

손님으로 온 오렌로이 밀러 분과 파티세인 토마스팀 칼코프 분, 두 남자는 서로에게 호감을 갖게 되고 사람들의 눈을 피해 은밀한 연인 관계를 이어간다. 오렌은 이스라엘에 살고 있기 때문에 그들이 만날 수 있는 건 오렌이 한 달에 한 번 독일 베를린으로 출장을 올 때뿐이다. 그런데 어느 날 갑자기 오렌이 연락 두절 상태가 된다. 토마스는 안절부절못하며 오렌의 행방을 찾다가 그의 회사까지 찾아가서야 그가 갑작스러운 교통사고로 목숨을 잃었다는 사실을 알게 된다. 갑작스럽게 연인과 이별하게 된 토마스는 슬픔을 견디지 못하고, 오렌이 집에 두고 간 열쇠를 들고 그의 흔적을 찾아 이스라엘의 예루살렘으로 향한다.

　예루살렘에는 슬픔에 잠긴 또 한 사람, 오렌의 아내 아나트사라 애틀러 분가 있다. 갑작스러운 남편의 사망으로 그는 어린 아들과 함께 둘이 남겨졌다. 홀로 카페를 운영해 생계를 유지하며 어린 아들을 키워야 하는 그녀는 슬픔에 잠겨 있을 시간이 없다. 그나마 가까운 사촌인 모티 삼촌이 틈날 때 그녀를 도울 뿐이다. 아나트가 운영하는 카페까지 오게 된 토마스는 처음엔 손님으로 찾아갔다가 힘겨워하는 그녀의 상황을 알게 된 뒤 정체를 숨기고 그녀를 돕게 된다. 처음엔 아르바이트로 일을 시작하지만 원래 파티세였던 본인의 장점을 살려 아나트의 카페에서 케이크와 쿠키를 팔게 되고 가게는 점차 인기를 얻게 된다.

반죽을 '치대는 행위'는 치유의 시간이 된다

이 영화는 오렌과 토마스의 퀴어 무비로 시작하지만 두 사람의 관계보다는 남아 있는 사람들, 아나트와 토마스의 관계에 집중한다. 사랑하는 사람을 잃은 두 남녀는 상처를 견뎌내기 위해 노력 중이다. 대부분 상처를 극복한다는 표현을 쓰지만 이 영화에서는 사랑하는 이의 부재를 어떻게 견뎌내는가에 초점을 맞춘다. 그래서인지 영화 속에 수많은 빵과 과자, 케이크가 등장하지만 그것들이 그리 달콤하게만 느껴지지는 않는다. 토마스가 만든 케이크와 쿠키에는 슬픔과 분노, 사랑과 그리움의 감정이 모두 담겨 있기 때문이다. 난 그가 만들어낸 결과물보다 그의 '반죽을 하는 행위'에 더 눈길이 닿았다. 화가 나서 견딜 수 없거나 마음 가득 슬픔이 차오를 때면 그는 묵묵히 반죽을 한다. 토마스가 혼자 케이크를 만드는 시간은 다른 누구에게도 말할 수 없는 비밀을 견뎌야 하는 고독한 시간처럼 느껴진다. 그는 반죽을 하는 행위를 통해 스스로를 치유하고 있는 것처럼 보인다.

토마스가 서서히 오렌의 가족 안으로 들어가면서 토마스의 비밀을 모르는 아나트는 그에게 점점 더 의지하게 된다. 토마스에게 특별한 감정을 갖게 된 아나트는 그를 집으로 초대하고, 토마스는 언젠가 아나트의 남편인 오렌에게도 만들어 주었던 블랙 포레스

트 케이크를 만들어 가져간다. 아나트의 아들은 모티 삼촌이 코셔 음식이 아닌 건 먹어서는 안 되며 특히 토마스가 만든 건 먹지 말라고 했다며 거부하지만, 아나트는 그가 보지 않을 때 케이크가 놓여있던 접시까지 핥아 먹을 정도로 맛있게 먹는다. 남편이 떠난 뒤 깊은 상실감에 빠져 있던 그녀는 깊은 정서적 허기를 느끼고 있었고 이 케이크를 통해 위로 받는다.

기쁨과 위안이 될 케이크 한 조각

블랙 포레스트 케이크는 대표적인 독일 케이크다. '검은 숲'이라는 뜻의 이 케이크는 독일 남서부의 삼림지대를 부르는 이름이기도 한데, 초콜릿 시트 사이에 크림과 체리를 넣어 만드는 독일의 대표적인 케이크다. 이름에 대한 설은 다양하지만 초콜릿 조각이 소복하게 내려앉은 케이크 표면이 검은Schwarz, 슈바르츠 숲wald, 발트을 의미한다고 해서 '블랙 포레스트'라는 이름을 붙였다는 얘기도 있다. 검은 숲에 흰 눈이 내린 느낌이라 크리스마스 케이크로도 사랑받는다. 나도 무척 좋아하는 케이크인데, 특히 체리를 감싸는 초콜릿의 맛이 일품이다. 이 케이크는 독일인으로서 살아가는 토마스의 정체성과 비밀을 간직한 그의 내면이 함께 담겨 있는 것 같다. 토마스가 만든 '블랙 포레스트'는 그의 연인이었던 오렌과 그의 아내 아나트에게 같고도 다른, 기쁨과 위안이 된다.

그러나 여기서 문제가 발생한다. 아나트가 운영하는 카페는 코서 음식을 파는 곳이라 원칙대로라면 토마스가 만든 음식은 판매할 수 없다. 코서Kosher는 전통적인 유대교의 율법인 카샤룻kashrut에 따라 준비된 음식을 뜻하는데 식재료를 선택하고 조리하는 과정까지 엄격한 절차를 거친 음식이다. 정통 유대교 의식에 따라 도살된 육류만 섭취할 수 있고 육류의 경우 되새기는 위가 있고 발굽이 갈라진 동물만 코서로 인정된다. 그래서 소와 양, 염소, 사슴 등은 코서가 될 수 있지만 돼지는 되새김질을 하지 않아서 코서가 아니다. 식재료뿐만 아니라 식기나 조리도구도 코서 인증을 받아야 사용할 수 있다. 그 어떤 인증도 받지 않은 토마스가 만든 음식은 카페에서 팔 수 없는 것이다. 특히 모티 삼촌은 이걸 문제 삼아서 토마스를 내보내고 싶어 한다. 처음부터 모티 삼촌은 토마스가 달갑지 않았다. 이유는 토마스가 독일인이기 때문이다.

처음 아나트가 토마스를 고용했을 때도 모티 삼촌은 왜 이 나라에도 일할 사람이 많은데 굳이 독일 사람을 고용했냐며 화를 낸다. 이 영화는 좀 더 깊게 들여다보면 독일과 이스라엘이라는 두 나라의 역사성에 대해 이야기한다. 토마스는 한때 유대인을 박해했던 독일인으로 아무리 오랜 시간이 흘렀어도 누군가에겐 불편함의 대상이 된다. 영화에서 그가 오븐을 사용한 뒤 모티 삼촌이 유독더 화를 내는데, 이 또한 홀로코스트의 오븐을 연상시킨다. 역사에 새겨진 상처는 쉽게 아물지 않는다.

난 영화를 보는 내내 아나트가 토마스의 비밀을 알게 될까 봐 마음을 졸였다. 토마스가 죽은 남편의 애인이었다는 걸 알게 되면 어떨까. 그녀는 얼마나 배신감을 느낄까. 외면하고 싶지만 진실을 마주해야 하는 순간은 찾아오기 마련이다.

영화는 독일과 이스라엘, 남자와 여자, 과거와 현재가 끊임없이 각을 세운다. 그 모든 관계 속에서 토마스와 아나트는 감정을 절제하며 마음을 숨긴다. 하지만 사람의 마음이란 결국엔 숨길 수 없고 어딘가로 흐르기 마련이다. 결국 토마스가 오렌의 흔적을 찾아서 예루살렘으로 왔던 것처럼 아나트는 토마스의 흔적을 따라 베를린으로 향한다. 멀리서 카페를 바라보는 아나트가 무슨 생각을 하는지는 알 수 없다. 마치 엔딩 장면에서 하늘 가득 천천히 흐르는 구름처럼 말이다.

블랙 포레스트 케이크

독일어로는 슈바르츠밸더 키르시토르테schwarzwälder kirschtorte, 프랑스어로는 포레누아르forêt-noire라고 부르는 이 케이크는 내가 르 꼬르동 블루에 다닐 때 제과 첫 학기에 배웠는데, 처음 만들고 맛 본 순간부터 반했다. 쌉쌀하면서도 진하게 구워낸 초콜릿 스펀지에 달콤한 체리 콩포트와 향긋한 체리 브랜디인 키르시Kirsch를 넣고 부드러운 샹티이 크림을 가득 채운 이 케이크를 어떻게 사랑하지 않을 수 있을까! 정말이지 영화 속 아나트가 접시까지 핥아 먹던 마음을 십분 이해할 수 있다. 이 케이크를 만드는 과정은 조금 복잡해서 평소 베이킹을 자주 하는 사람이 아니라면 어렵게 느낄 수 있다. 그래도 혹시 따라 만들고 싶은 분들을 위해 조금 쉬운 버전으로 소개한다.

재료

도구 15cm 원형틀

초콜릿 제누와즈 달걀 100g, 설탕 68g, 박력분 50g, 코코아파우더 10g, 버터 10g, 우유 10g **시럽** 설탕 50g, 물 100g, 키르시 30㎖ **장식** 생크림 200g, 설탕 20g, 당절임 체리 15개, 초콜릿 플레이크(다크 블로섬 초콜릿) 100g

만들기

초콜릿 제누와즈

1 버터와 우유는 전자레인지를 사용하거나 중탕하여 완전히 녹인다.

2 볼에 달걀을 멍울 없이 풀고, 설탕을 넣은 뒤 잘 섞는다.

3 따뜻한 물 위에 올려놓고, 중탕으로 온도를 올린다(달걀물을 만져 보았을

때 따뜻하며, 설탕이 만져지지 않을 정도로).

4 볼을 냄비에서 내린 뒤, 핸드믹서를 이용해 밝은 레몬색이 되도록 휘핑한다(핸드믹서를 들어보았을 때 떨어진 반죽의 자국이 5초 이상 유지되도록 단단하게 휘핑).

5 체친 박력분과 코코아파우더를 넣고 거품이 꺼지지 않도록 주의하며 빠르게 섞는다.

6 ①의 녹인 버터와 우유를 넣고 거품이 꺼지지 않도록 빠르게 섞는다.

7 원형틀에 유산지나 테프론시트를 깔고 ⑥의 반죽을 넣은 뒤, 170~180도에서 25~30가량 굽는다.

블랙 포레스트 케이크

1 시럽에 들어가는 설탕과 물은 한 번 끓인 뒤, 완전히 식혀서 키르시를 섞는다.

2 생크림은 휘핑하다가 분량의 설탕을 넣은 뒤, 단단하게 휘핑한다.

3 구워진 시트는 1cm 두께로 3~4등분 한 뒤, 시트에는 준비한 ①의 시럽을 듬뿍 바른다.

4 ③ 위에 휘핑한 생크림을 바른 뒤, 체리를 얹고 다른 시트를 얹는다.

5 다시 휘핑한 생크림을 바르고, 같은 순서로 두 번 반복한다.

6 맨 위에는 생크림을 바르고, 스패출러를 이용해서 윗면을 매끄럽게 정리한다.

7 남은 생크림으로 윗면을 장식하고 초콜릿 플레이크와 체리로 장식한다.

우동

우동

인구 100만 명, 우동 가게는 약 900개. 주인공 코스케의 고향은 우동이 명물이다. 스탠딩 코미디언의 꿈을 안고 간 뉴욕에서 실패를 겪은 뒤 다시 찾은 고향 '시누키'에서 그는 다시 재기를 꿈꾸며, 지역 정보지 잡지사에 취직한다. 어떻게 판매부수를 올릴까 고민하던 그의 눈에 띈 것은 '우동'이다. 〈우동 순례기〉를 연재하면서 점차 변화되는 마을, 그리고 그의 삶. 사실 우동이 별거 없다고 생각하는 사람들에게 영화 〈우동〉을 권하고 싶다.

쫀쫀하고
통통한 면을
호로록

나오시마에 가기 위해 다카마츠 공항에
내리자 우동 여권이 나왔다. 정확히 얘기하자면 난 공항에 도착하
자마자 우동 여권부터 찾으러 갔다. 우동 여권을 받아들자 내가 우
동의 도시에 왔음이 실감났다. 다카마츠가 있는 가가와 현은 우동
으로 유명한 곳인데, 옛 지명이 사누키 현으로 우리가 잘 알고 있
는 사누키 우동의 본고장이다. 우동 마니아로서 이곳을 몰랐다면
모를까 알면서 그냥 지나칠 수는 없는 곳이다. 우동 여권의 발급처
는 다카마츠 관광청, 표지에는 UDON이라고 큼지막하게 쓰여 있
고 속지에는 박물관과 기념품 숍, 우동 가게 등의 쿠폰과 기념 스
탬프를 찍을 수 있는 칸이 마련되어 있었다. 역시 일본은 이런 디
테일에 강하다.

우동 여권을 손에 들고 공항을 빠져 나오자 택시 위에 큰 우동 조형물을 얹은 우동 택시가 눈에 들어왔다. 다카마츠 시내에 있는 우동 맛집을 쏙쏙 골라서 데려다 주는 택시인데, 이곳엔 우동 맛집 만 다니는 우동 버스도 있다. 난 서울에서 우동 버스를 신청했다 가 일정상 아쉽게 포기했는데, 혹시라도 가실 분들은 이 버스를 타 는 걸 추천한다. 다카마츠의 진짜 우동 맛집들은 시내에서 조금 떨 어져 있는 경우가 많아서 차를 렌트 하면 모를까 관광객이 접근하 기는 불편한 가게들이 있다. 가가와 현은 관광 슬로건이 '사랑하는 우동현'일 정도로 우동에 진심인 곳이다. 난 이 도시와 우동을 더 깊게 이해하고 싶어서 관련 서적과 정보를 찾아보고 영화도 한 편 미리 챙겨 보고 온 터였다. 그 영화가 바로 사누키를 배경으로 한 영화 〈우동〉이다.

여긴 꿈 같은 건 없어. 그저 우동이 있을 뿐이야.

〈우동〉의 주인공 코스케유스케 산타마리아 분는 스탠드업 코미디로 세 계를 웃기겠다는 꿈을 갖고 뉴욕에 가지만 그의 썰렁한 개그에 웃 어주는 관객은 없고 야유만 받다가 결국 빚만 잔뜩 지고 다시 고향 으로 돌아오게 된다. 그의 고향은 산과 바다가 어우러져 있는 아 름다운 곳으로 인구는 100만 명이 살고 우동가게는 약 900개가 들 어선 곳이다. 인구 대비 얼마나 많은 우동가게가 있는지 가늠이 안 된다고? 도쿄에 있는 맥도날드 숫자와 비교해 보면 쉽다. 도쿄엔 1,250만 명이 사는데 맥도날드의 점포는 500개다. 그런데 100만 인구가 사는 곳에 900개의 우동 가게라니! 우동을 사랑하는 도시, '사누키'니깐 나올 수 있는 숫자다.

사누키에서 자란 코스케는 자신의 고향이 싫다. 이곳에선 모두가 우동을 만들고 우동만 이야기만 하는데, 그건 아버지도 마찬가지다. 코스케는 "여긴 꿈같은 건 없어. 그저 우동이 있을 뿐이야"라고 가족들에게 차갑게 말하고 떠났다. 그런 그가 돌아온 걸 아버지가 반길 리 없다. 그 역시 뉴욕 생활을 하느라 진 빚만 갚으면 언제든 뉴욕으로 다시 떠나고 싶은 마음뿐이다. 그는 돈을 벌기 위해 고민하다가 우연히 《타운정보 사누키》라는 잡지사에서 일을 하게 되고 판매 부수만큼 월급을 준다는 편집장의 얘기에 판매 부수를 올릴 방법을 고민한다. 그러다가 문득 이 고장은 우동으로 유명한 곳인데 정작 잡지에 사누키 우동에 대한 정보가 없다는 걸 알게 된다. 코스케는 숨은 우동 맛집을 찾아다니며 취재를 하고 이를 바탕으로 잡지에 〈우동 순례기〉를 연재하기 시작한다. 그의 기사는 사누키 우동 붐을 일으켜 전국 각지에서 엄청난 사람들이 몰려들고, 사람들은 그의 〈우동 순례기〉를 따라 사누키의 구석구석 우동 여행을 시작한다.

우리에게도 잘 알려진 사누키 우동은 현재 일본 가가와 현 일대에서 생산되는 우동의 일종이다. 흔히 가가와의 사누키 우동, 아키타의 이나니와 우동, 군마의 미즈사와 우동을 일본의 3대 우동으로 꼽는다. 사누키 우동이 왜 유명해졌는가에 대해서 정확한 유래가 남아 있진 않지만 이 지역이 예로부터 강수량이 적어서 에도 시대부터 밀의 이모작 재배가 이뤄졌다는 사실로 미루어 짐작할 수 있다. 당연히 벼농사는 안정적으로 지어지기 어려웠을 테고 밀로 만든 음식이 특산물이 됐을 것이다. 여기에 소금을 제조하는 제염이 발달하고 품질 좋은 멸치가 잡힌 것과 인근 쇼도시마에서 간장이 생산되기 시작한 것도 우동의 맛에 일조를 했다. 이 지역은 물도 좋아서 면을 만드는 세 가지 요소인 물, 소금, 밀가루가 최상의 상태로 갖춰졌으니 맛있는 우동의 탄생은 예견된 일인지 모른다.

영화 〈우동〉에서도 사누키 우동을 만드는 건 지극히 단순하다고 설명한다. 재료인 물, 소금, 밀가루를 잘 섞어서 끈기가 생길 때까지 발로 밟아서 반죽한 뒤 균일하게 잘라서 온도 변화가 적은 곳에서 적당히 재워둔다. 재워둔 반죽을 5~6장씩 쌓아서 다시 밟기를 반복한 뒤, 밀대로 얇게 밀어서 취향에 따른 굵기로 자르면 끝이다. 이 지역은 도시와 떨어져 있는 탓에 산업화된 기계식 제면의 영향을 늦게 받아서 오랜 시간 수타로 반죽하는 전통이 이어졌는데, 이것 또한 현재 사누키 우동이 사랑받는 이유가 됐다.

이 지역의 우동에 '사누키 우동'이라는 명칭이 붙은 건 가가와 현이 우동을 명물로써 홍보하기 시작하던 1960년대부터라고 한다.

이후 1970년의 오사카 만국 박람회에서 사누키 우동이 전국에 소개되면서 전국적인 지명도는 크게 상승하게 되는데 여기서도 일본이 얼마나 지역 특산물을 상품화 시키는 능력이 탁월한지 보여준다.

사실 우동 만드는 건 단순해
하지만 그 단순함에 많은 것이 담겼지

다카마츠에서 들른 우동집들은 대체로 작고 소박했으며 우동은 정말 다 싸고 맛있었다. 우리나라는 "국물이 끝내줘요"라는 우동 제품 광고가 대히트를 친 것에서도 알 수 있듯이 국물의 맛을 중요하게 여기지만, 우동의 맛은 그 면발에도 있다. 사누키의 우동은 그 쫀쫀한 면이 일품이다. 젓가락으로 통통한 면을 서너 가락을 집어서 호로록 빨아들일 때 입술에 닿는 매끈한 감촉도 좋고 입안에서 오물오물 씹을 때 느껴지는 쫀득한 식감도 좋다. 잘 만든 면은 씹는 맛이 구수해서 오래 씹고 있으면 입안에 감칠맛이 가득 퍼진다. 특히 내가 다카마츠에서 맛있게 먹은 우동은 '가마타마 우동釜玉うどん'이었는데, 가마솥에 삶아낸 면을 건져내 그릇에 담고 달콤한 간장소스인 쯔유와 날계란을 얹어서 비벼 먹는 우동이다. 젓가락으로 계란 노른자를 톡 터트린 뒤 소스와 함께 살살 섞으면 면에 소스가 싹 코팅되면서 매끈하게 반짝이는데, 이때 호로록 소리가

나도록 먹으면 된다. 아, 지금도 침이 고이는 맛이다.

영화에서도 도입부에 두 남녀 주인공이 차 사고로 길을 잃고 헤매다가 우연히 발견한 우동집에서 이 우동을 먹는 장면이 나온다. 뜨거운 우동에 계란 노른자를 넣고 비벼서 후후 불어 먹으며 너무 맛있다고 깜짝 놀라는 장면인데, 이제 난 영화 속 주인공들의 기분을 알 것 같다.

우동은 종류도 다양하다. 우리가 아는 기본 우동인 국물이 있는 카케 우동을 비롯해서 국물없이 진한 쓰유를 부어 비벼 먹는 붓카케 우동, 삶은 면을 삶을 국물과 함께 그릇에 옮긴 뒤 면을 쓰유에 찍어 먹는 가마아게 우동, 방금 설명한 가마타마 우동 등이다. 물론, 이밖에도 변형된 다양한 우동들이 존재한다.

우동을 먹을 때는 튀김이 빠지면 섭섭하다, 오징어 튀김, 연근 튀김, 새우 튀김 뭐든 좋은데 영화 〈우동〉에서 아스파라거스 튀김을 곁들여 먹는 걸 보고는 그 맛이 궁금해졌다. 다음에 꼭 만들어서 우동에 곁들여 봐야지.

어쩌면 우리가 아는 것보다
우동의 세계는 더 넓을지도

영화 〈우동〉의 결말은 우리의 예상을 깨지 않는 쪽으로 흘러간다. 비슷한 경쟁 잡지가 나오면서 우동 관광은 열기가 식기 시작하고 코스케의 계획에도 차질이 생긴다. 예측 가능한 전개는 조금 아쉽기도 하지만 이 영화는 '우동'을 보는 즐거움만은 확실하게 전해 준다. 탱글탱글한 면발과 담백해 보이는 국물이 화면을 바라보는 눈을 자극하고, 후루룩 쩝쩝 우동을 맛있는 먹는 소리가 귀를 자극한다. 결국 주인공들은 모두 우동을 통해 행복한 결말을 맞게 되니, 아마 우동을 좋아하는 사람이라면 이 사실만으로도 충분히 즐거운 영화가 되지 않을까?

참, 서두에 시작했던 것처럼 이 여행의 목적은 나오시마에도 있었다. 다카마츠에서 페리를 타고 1시간 정도 가면 나오는 이 섬은 문화재생의 성공사례로 꼽히는 곳으로 과거 중금속 폐기물로 뒤덮였던 섬에서 현대미술의 성지로 거듭난 곳이다. 이 섬에 도착하면 처음 쿠사마 야요이의 노란색 호박이 반갑게 맞이하는데, 내가 여행을 다녀온 뒤 이 호박이 태풍으로 바다에 떠나려갔다는 소식을 듣고 안타까웠다. 우리나라 뉴스에 나올 정도로 화제가 된 사건이었다.

나오시마의 베네세 하우스는 기대 이상의 감동이었고, 안도 다다오의 지중 미술관, 빈집들을 보수해서 만든 집 프로젝트 등 건축과 예술을 만끽할 수 있는 곳이다. 다카마츠에서 우동투어를 하고 나오시마 섬에 들러 자전거를 타며 섬을 한 바퀴 돌고 나오면 분명히 오래 기억에 남는 여행이 될 것이다.

우동

영화를 보고 나면 따뜻한 우동 한 그릇이 생각나는 건 물론이다. 가까운 맛집에 들러 우동 한 그릇을 사 먹어도 좋겠지만 집에서 따라 만들기 쉬운 우동 레시피를 하나 소개한다. 당장 사누키로 날아갈 수는 없는 마음을 '국물이 끝내주는' 시원한 우동 한 그릇으로 달래보자.

재료

우동면 200g, 유부 1장, 물 6컵, 다시마 10×10 1장, 국물용 멸치 10마리, 가쓰오부시 1/2줌, 국간장 2큰술, 맛술 1/2큰술, 소금 약간, 유부 1장, 어묵과 쑥갓 약간

만들기

1 물에 다시마를 넣고 30분가량 두었다가 국물용 멸치를 넣고 한 번 끓인 뒤, 다시마는 건져내고 10분가량 약한 불에서 끓인다.

2 시간이 지나면 불을 끄고 가쓰오부시를 넣은 뒤 3분간 기다렸다가 체에 걸러 맑은 국물만 받는다.

3 국간장과 맛술, 소금을 넣어 한 번 끓인다. 마지막에 유부와 쑥갓은 살짝 데쳐낸다.

4 우동면은 팔팔 끓는 물에 1~2분간 끓인 뒤 건져내 그릇에 담고, 미리 만들어 둔 국물을 부은 뒤 데친 유부와 쑥갓을 올려 낸다.

인생에도 레시피가 있다면

스물다섯 편의 영화에서 만난 음식 이야기

초판 1쇄 발행 2024년 6월 5일

지은이   정영선

주간   이동은
책임편집   성스레
편집   김주현
미술   강현희 조선영
제작   박장혁 전우석
마케팅   사공성 장기석 한은영

발행처   북커스
발행인   정의선
이사   전수현
출판등록   2018년 5월 16일 제406-2018-000054호
주소   서울시 종로구 평창30길 10
전화   02-394-5981~2(편집) 031-955-6980(마케팅)
팩스   031-955-6988

ISBN 979-11-90118-66-8 (13590)

- 북커스(BOOKERS)는 (주)음악세계의 임프린트입니다.
- 값은 뒤표지에 있습니다.
- 파본이나 잘못된 책은 구입하신 서점에서 교환해 드립니다.